农业部新型职业农民培育规划教材

DANSHUIYU YANGZHIGONG

淡水鱼养殖工

毛洪顺　主编

中国农业出版社

编 写 人 员

主　　编　毛洪顺

副 主 编　孙　辉

参编人员　袁　圣

■ 编写说明

　　我国正处在加快现代化建设进程和全面建成小康社会的关键时期。我国的基本国情决定，没有农业的现代化就没有整个国家的现代化，没有农民的小康就没有全面小康社会。加快现代农业发展，保障国家粮食安全，持续增加农民收入，迫切需要大力培育新型职业农民，大幅提高农民科学种养水平。实践证明，教育培训是提升农民生产经营水平，提高农民素质的最直接、最有效途径，也是新型职业农民培育的关键环节和基础工作。为做好新型职业农民培育工作，提升教育培训质量和效果，农业部对新型职业农民培育教材进行了整体规划，组织编写了"农业部新型职业农民培育规划教材"，供各类新型职业农民培育机构开展新型职业农民培训使用。

　　"农业部新型职业农民培育规划教材"定位服务培训、提高农民技能和素质，强调针对性和实用性。在选题上，立足现代农业发展，选择国家重点支持、通用性强、覆盖面广、培训需求大的产业、工种和岗位开发教材。在内容上，针对不同类型职业农民特点和需求，突出从种到收、从生产决策到产品营销全过程所需掌握的农业生产技术和经营管理理念。在体例上，打破传统学科知识体系，以"农业生产过程为导向"构建编写体系，围绕生产过程和生产环节进行编写，实现教学过程与生产过程对接。在形式上，采用模块化编写，教材图文并茂，通俗易懂，利于激发农民学习兴趣。

　　《淡水鱼养殖工》是系列规划教材之一，共有七个模块。模块一——基本技能和素质，简要介绍淡水鱼养殖工应掌握的基本知识与应具备的素质。模块二——基本知识，内容有鱼类体型及组织器官、淡水养殖主要鱼类的形态特征和生活习性、渔用饲料、常用渔药及施药方法。模块三——养殖前期准备，分述池塘养殖、工厂化养殖和网箱养殖的前期准备。模块四——苗种培育和放养，内容有苗种培育、苗种质量鉴别与运输、苗种放养。模块五——成鱼养殖技术，讲述放养模式、鱼种投放、饵料投喂、水质管理、鱼病防治、日常管理、越冬管理等方面的内容。模块六——淡水鱼捕捞及运输，内容有冬季拉网捕鱼、夏天捕热水鱼、大水面捕捞作业和活鱼运输方法。模块七——养殖设施的建造与维护，内容有养殖场规划、养殖主体设施和附属设施的建造与维护、主要养殖设备的使用与保养。各模块附有技能训练指导、参考文献、单元自测内容。

目 录

编写说明

模块四 苗种培育和放养 ………………………………… 64

模块一
基本技能和素质

1 知识与技能要求

（1）能根据不同的池塘条件选择正确的清塘方法。

（2）能够正确进行清塘药物的准备、配制和施用。

（3）能够鉴别本地水体的底质和水质类型。

（4）能够正确开展整塘工作。

（5）能够使用检测特殊水质的检测仪器。

（6）能够进行一般养殖机械的维护。

（7）能够进行常用网具的设计和制作。

（8）能进行一般工具的简单维修。

（9）能够比较准确地进行苗种种类的识别和质量鉴别。

（10）能够安排苗种放养的水体及准备相关设备。

（11）能够规划放养量，确定常见的苗种消毒方法。

（12）能根据不同养殖种类提出合理的养殖方式。

（13）能提出合理的养殖模式。

（14）能设计简单的放养模式，制定出主要的饲养管理措施。

（15）能够进行浮游生物定性、定量分析。

（16）能够进行各层水体的正确取样和水色分析。

（17）能对水质的理化因子数据进行初步分析，并采取正确方式进行水质调节。

（18）能够进行颗粒饲料及其他饲料的识别。

（19）能指导并正确开展养殖鱼类的投喂和相关工作。

（20）能够进行一般明显疾病种类的识别。

（21）能够进行常见病的给药治疗。

（22）能够进行常见敌害的防治工作。

（23）能够进行日常养殖过程的管理。

（24）能够分析生产中出现的简单问题并正确进行处理。

（25）能够进行养殖品种的越冬管理。

（26）能够解决越冬管理中的有关问题。

（27）能够进行各种捕捞作业。

（28）能够准确选择捕捞操作时间和确定捕捞方法。

（29）能够进行活鱼运输过程中的水体控制。

（30）能够开展活鱼运输管理。

2 职业道德

对淡水鱼养殖工的基本职业道德要求是爱岗敬业、诚实守信、遵纪守法、团结协作、开拓创新。

爱岗敬业作为一种职业道德规范，是一个社会历史范畴，随着社会的不断进步，它的内涵逐渐丰富，它调节的范围也不断扩展，它的具体要求也在不断充实。在当前社会环境下，爱岗敬业的具体要求是：树立职业理想、强化职业责任和提高职业技能。

诚实守信无论是对于企业的兴旺发达，还是对于从业者个人的就业、成长和成功，都十分重要。现代市场经济活动由于交通和通信手段的现代化，人们交往的地域已经拓展至全球，人们之间接触的频率越来越高，人口的流动性越来越大，许多人彼此尚未熟悉就要共事、合作，很多情况下，人们是在与尚未谋面的人谈判、签约和交易。能够保证这一切正常运作的，就是大家都遵守一条共同的规则：诚实守信。

遵纪守法作为社会主义职业道德的一条重要规范，是对职业人员的基本要求。从业人员应培养法制观念，自觉遵纪守法，以保证社会活动有序进行，生产正常运转。要做到遵纪守法，就必须学习法律知识，树立法制观念，并且了解、明确与自己所从事的职业相关的职业纪律、岗位规范和法律法规。

团结协作是人与人之间为了实现共同的利益和目标，互相帮助、互相支持、共同发展。团结协作是社会生产的客观要求，也是一切职业活动正常进行的重要保证。特别是在科学技术发展和生产社会化程度提高的现代化大生产条件下，只有企业之间、企业内部之间相互配合、团结协作、互帮互助才能形成企业凝聚力，促进生产力发展，促使企业目标的实现。

开拓创新是人们为了发展的需要，运用已知的信息，不断突破常规，发现或产生某种新颖的、独特的、有社会价值或个人价值的新事物、新思想的活动。创新在实践活动上表现为开拓性，不重复过去的实践活动，他不断发现和拓宽人类新的活动领域。创新实践最突出的特点是打破旧的传统、旧的习惯、旧的观念和旧的做法。

3 法律法规

淡水鱼养殖工除了了解、掌握《中华人民共和国渔业法》等国家法律外，还应熟悉以下法律法规。

▪ 《水产养殖质量安全管理规定》

《水产养殖质量安全管理规定》于 2003 年 7 月由农业部发布。在水产养殖质量安全管理方面主要有以下规定。

（1）国家鼓励发展健康养殖，减少水产养殖病害发生；控制养殖用药，保证养殖水产品质量安全；推广生态养殖，保护养殖环境。并依照有关规定可申请无公害农产品认证。

健康养殖和生态养殖

1. 健康养殖。 指通过采用投放无疫病苗种、投喂全价饲料及人为控制养殖环境条件等技术措施，使养殖生物保持最适宜生长和发育的状态，实现减少养殖病害发生、提高产品质量的一种养殖方式。

2. 生态养殖。 指根据不同养殖生物间的共生互补原理，利用自然界物质循环系统，在一定的养殖空间和区域内，通过相应的技术和管理措施，使不同生物在同一环境中共同生长，实现生态平衡、提高养殖效益的一种养殖方式。

（2）养殖用水方面：①水产养殖用水应当符合农业部《无公害食品　淡水养殖用水水质》（NY 5051—2001）标准，禁止将不符合水质标准的水源用于水产养殖。②定期监测养殖用水水质。养殖用水水源受到污染时，应当立即停止使用；确需使用的，应当经过净化处理达到养殖用水水质标准。养殖水体水质不符合养殖用水水质标准时，应当立即采取措施进行处理；经处理后仍达不到要求的，应当停止养殖活动。

《无公害食品　淡水养殖用水水质》标准
(NY 5051—2001)

序号	项目	标准值
1	色、臭、味	不得使养殖水体带有异味、异臭和异色
2	总大肠菌群（个/升）	≤5 000
3	汞（毫克/升）	≤0.000 5
4	镉（毫克/升）	≤0.005
5	铅（毫克/升）	≤0.05
6	铬（毫克/升）	≤0.1
7	铜（毫克/升）	≤0.01
8	锌（毫克/升）	≤0.1
9	砷（毫克/升）	≤0.05
10	氟化物（毫克/升）	≤1
11	石油类（毫克/升）	≤0.05
12	挥发性酚（毫克/升）	≤0.005
13	甲基对硫磷（毫克/升）	≤0.000 5
14	马拉硫磷（毫克/升）	≤0.005
15	乐果（毫克/升）	≤0.1
16	六六六（丙体）（毫克/升）	≤0.002
17	滴滴涕（DDT）（毫克/升）	≤0.001

　　（3）养殖生产方面：①科学确定养殖规模和养殖方式。②符合国家有关养殖技术规范操作要求。③养殖使用的苗种应当符合国家或地方质量标准。

（4）渔用饲料方面：①使用渔用饲料应当符合《饲料和饲料添加剂管理条例》和农业部《无公害食品　渔用饲料安全限量》（NY 5072—2002）。鼓励使用配合饲料。限制直接投喂冰鲜（冻）饵料，防止残饵污染水质。②禁止使用无产品质量标准、无质量检验合格证、无生产许可证和产品批准文号的饲料、饲料添加剂。禁止使用变质和过期饲料。

（5）水产养殖用药方面：①水产养殖用药应当符合《兽药管理条例》和农业部《无公害食品　渔药使用准则》（NY 5071—2002）。使用药物的养殖水产品在休药期内不得用于人类食品消费。②禁止使用假、劣兽药及农业部规定禁止使用的药品、其他化合物和生物制剂。原料药不得直接用于水产养殖。③应当按照水产养殖用药使用说明书的要求或在水生生物病害防治员的指导下科学用药。④填写《水产养殖用药记录》，记载病害发生情况，主要症状，用药名称、时间、剂量等内容。

《中华人民共和国动物防疫法》

《中华人民共和国动物防疫法》（以下简称《动物防疫法》）中明确规定动物检验检疫是指对动物、动物产品实施的产地检验检疫。而动物的防疫包括动物疫病的预防、控制、扑灭和动物、动物产品的检疫。动物检验检疫的目的是为了保障动物及动物产品的质量，为社会提供卫生安全的动物及动物产品，保障人们身体健康。

水生动物疫病分类

《动物防疫法》根据动物疫病对养殖业生产和人体健康的危害程度，将动物疫病分为三类：一类疫病是指对人畜危害严重、需要采取紧急、严厉的强制预防、控制、扑灭措施的疫病。二类疫病是指可造成重大经济损失、需要采取严格控制、扑灭措施，防止扩散的疫病。三类疫病是指常见多发、可能造成重大经济损失、需要控制和净化的疫病。

我国水生动物疫病目前无一类疫病，二类疫病有病毒性出血性败血病、鲤春病毒血症、对虾杆状病毒病，三类疫病有鱼传染性造血器官坏死、鱼鳃霉病等。

（1）《动物防疫法》中明确规定禁止经营的动物及动物产品：一是在封锁疫区内与所发生动物疫病有关的动物及动物产品。二是疫区内易感染的动物及动物产品。三是依法应当检疫而未经检疫或者检疫不合格的动物及动物产品。四是染疫的动物及动物产品。五是病死或者死因不明的动物及动物产品。六是其他不符合国家有关动物防疫规定的动物及动物产品。

（2）水生动物疫情的发布由国务院畜牧兽医行政管理部门统一管理并公布，也可以根据需要授权省、自治区、直辖市人民政府畜牧兽医行政管理部门公布本行政区域内的动物疫情。

（3）《动物防疫法》中规定任何单位或者个人发现患有疫病或者疑似疫病的水生动物，都应当及时向当地动物防疫监督机构及水生动物行政主管部门报告。动物防疫监督机构应当迅速采取措施，并按照国家有关规定上报。任何单位和个人不得瞒报、谎报、阻碍他人报告动物疫情。

（4）水生动物也必须经检疫合格后由动物防疫监督机构出具检疫证明。经检疫不合格的由货主在动物检疫员监督下做防疫消毒和其他无害化处理；无法做无害化处理的，予以销毁。水生养殖动物出县境以上凭检疫证明出售、运输。

学习
笔记

模块二
基 本 知 识

1 鱼类体型及组织器官

■ 鱼类体型

鱼的身体可分为头、躯干和尾三个部分。头部是指吻端到鳃盖后缘，躯干部是指鳃盖骨后缘至泄殖孔，尾部是指泄殖孔以后至最后脊椎骨的部分。鲤鱼外形见图 2-1。

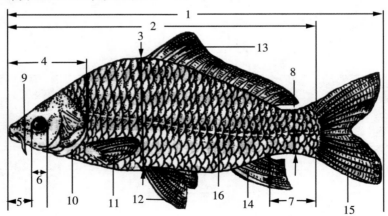

图 2-1　鲤鱼的外形

1. 全长　2. 体长　3. 体高　4. 头长　5. 吻长　6. 眼径　7. 尾柄长

8. 尾柄高　9. 触须　10. 鳃膜　11. 胸鳍　12. 腹鳍　13. 背鳍

14. 臀鳍　15. 尾鳍　16. 侧线鳞

鱼类的体型有纺锤形、侧扁形、蛇形等。鲤鱼整个身体前端较尖，躯干部较宽，尾部较窄，整个身体略呈侧扁的纺锤形。这样的体型可以减少前进时的阻力，适合于迅速灵活地游泳。鲢鱼、鳙鱼、鳊鱼和鲂鱼为侧扁形，两侧扁而背腹方向较高，从侧面看似菱形。蛇形的鱼体如黄鳝、鳗鲡，这种鱼喜欢钻洞，也擅长游泳，甚至是长距离的游泳。

◤ 鱼的组织器官

（一）鳍

鱼的鳍有成对的偶鳍和单个的奇鳍两种。偶鳍是指胸鳍和腹鳍；奇鳍是指背鳍、臀鳍和尾鳍。鳍由许多骨质鳍条组成，鳍条间有可以折叠或张开的薄膜。

鳍是鱼体的运动器官。游泳时每个鳍有不同的作用。尾鳍的用处最大，它除了能保持身体稳定以外，还起橹和舵的作用，以推动鱼体前进和控制游泳的方向。腹鳍的作用在于帮助身体保持平衡。背鳍和臀鳍的主要功能是使身体在水中保持稳定的姿态，防止倾斜摇摆。胸鳍的作用像桨一样，可使鱼体前进、停止和转向以及保持鱼体平衡。鳗鲡和河豚没有腹鳍。黄鳝既无腹鳍也无胸鳍，连尾鳍也变成了鞭状。鲈鱼、鳜鱼有 2 个背鳍。大麻哈鱼除前面有一个较大的背鳍外，背鳍后还有小的不具鳍条的脂状鳍，称为脂鳍。

（二）鳞片

鳞片实际上是一种皮骨，有齿鳞、硬鳞、盾鳞、圆鳞和栉鳞之分。鳞片覆盖在鱼体表面，多为骨质小圆片，其基部生长在皮肤里，排列很整齐，像屋顶上的瓦片一样，一片覆盖着一片。鳞片很薄，形状和大小各种鱼类都不相同。鲤鱼、鲫鱼的鳞片较大，鲢鱼、鳙鱼的鳞片较小，黄鳝和胡子鲇的鳞片都已退化。鱼体两侧有一条与身体长轴平行的线，称为侧线。侧线连续成沟道，里面具有感觉器官。侧线上的鳞片为侧线鳞，侧线鳞的数目是分类学上的重要依据之一。鳞片还是测定鱼类年龄的主要依据。

（三）感觉器官

1. 眼。位于头部前方两侧，一般来说，生活在水体中、上层的鱼类，其游泳能力较强则眼睛往往发达；水底生活或穴居的鱼类，眼睛小或退化。鱼类一般无眼睑，只有鲻鱼等个别鱼种具有透明的脂眼睑。鱼的眼睛不能闭合，只能看到较近的东西。

2. 耳。因没有耳壳（外耳），所以看不到鱼的耳朵，但在鱼的头骨两侧壁里藏有 2 个内耳，它不仅能听到声音，而且还能使身体保持平衡，故鱼的内耳既是听觉器官，也是平衡器官。

3. 皮肤。鱼类皮肤上除了局部存在味觉器官外，还具有感觉芽、陷器、侧线器官等皮肤感觉器。它们具有触觉以及感觉水温、水流和测定方位等功能。

侧线上有许多穿出鳞片和皮肤的小孔。从鳃盖后面起一直到尾鳍前面为止，这些小孔的内面都相通，连成一条长的管道。这条长的管道又分出许多支管，并且和小孔相通。侧线管里有许多感觉细胞和神经相连，能感受外界的刺激。内耳听不到的声音，侧线可以感觉到。因此，侧线可以帮助鱼在游泳时躲开障碍物、觅食和避敌等。

4. 鼻腔。眼的前方两侧各有一个由皮肤横隔成两个孔的鼻腔。前面的孔称入水孔，后面的孔称出水孔，这是鱼的嗅觉器官。

（四）呼吸器官

鱼类在摄食维持其生命活动的过程中，必须要有氧气，以维持正常代谢。鱼类通过鳃从水环境中获得氧气，而代谢活动以后产生的二氧化碳也是通过鳃与水体接触排出体外的。因此，鱼类呼吸器官的功能就是使血液和水环境进行气体交换。

鱼类用鳃呼吸，在鳃盖下面和咽喉的两侧各有 4 个鳃，每个鳃分成 2 个鳃片，每个鳃片由许多鳃丝排列而成，每根鳃丝的两侧又生出许多小型的鳃小片。鳃生在由骨质组成的鳃弓上。鳃盖下的裂缝，称为鳃孔，是水流出入的门户。每个鳃小片里都有很多毛细血管，这部分的表皮非常薄，所以健康活鱼的鳃都是血红色的。

鱼的鳃盖和口连续不断地一开一合，这就是呼吸。水中缺氧时，鱼的呼吸就会明显地加快；水中的氧含量很少时，鱼就会浮到水的上层，时时将口伸出水面，这称"浮头"或"颚水"。以鲤鱼为例，水中的溶氧量降低到 1 毫克/升以下时，就有死亡的危险。因此，要密切地注意鱼池中的溶氧量变化。

（五）消化器官

食物经过磨碎及消化液的作用，变成可以吸收的营养物质，这个过程即为消化。执行这种工作的器官称消化器官。口、鳃耙、咽喉、食道、肠管、肝胰脏等器官组成一个完整的消化系统（图 2-2）。

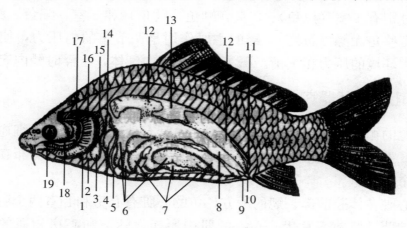

图 2-2　鲤鱼的消化系统

1. 动脉球　2. 心室　3. 心房　4. 静脉窦　5. 心腹隔膜　6. 肝胰脏
7. 肠　8. 精巢　9. 肛门　10. 泄殖孔　11. 肾管　12. 鳔　13. 肾脏
14. 头肾　15. 咽骨退缩肌　16. 鳃片　17. 鳃耙　18. 口腔　19. 舌

鲤科鱼类具有咽喉齿，它可以把食物切断或压碎。它们用口摄取食物，用鳃耙过滤。支持鳃丝的骨骼称为鳃弓，鳃弓的内侧有许多突起物，称鳃耙，作用像筛子，保护鳃孔不被堵塞。食物通过咽喉时，经咽喉齿切断或压碎，再通过食管送到肠里。鲤科鱼类不具胃，肠子呈管状，盘曲在体腔里，它们不间断地摄取食物。但并不是所有的鱼都没有胃，有胃的鱼摄食后可以停顿一段时间再摄食。

鱼类肠子的长短和鱼的食性有关。肉食性鱼类肠子短，而食植物的鱼类肠子长，食浮游植物的鲢肠子最长，而食浮游动物的鳙其肠子的长度仅次于鲢。

鱼摄取到的食物中能够消化的营养成分由肠壁吸收，不能消化的由肛门排出体外。鲤科鱼类的肝脏和胰脏混合在一起，称为肝胰脏。肝脏能分泌胆汁，胆汁贮存在胆囊里，由输胆管输送。胰脏能分泌胰液。胆汁、胰液具有帮助消化食物的作用。

（六）鳔

肠管上面有一个白色长形的囊状物称鳔，鳔里充满了空气。鱼类的鳔分别有1室（黑鱼）、2室（鲤鱼、鲫鱼）和3室（鳊鱼、鲂鱼）的，有些鱼无鳔（黄鳝）。鳔的主要作用是调节鱼的内压力，使其和外界水环境的压力相平衡。下沉时排出鳔内气体，上浮时鳔内充气。

（七）循环器官

鱼的循环器官包括心脏和血管。血管有动脉、静脉和毛细血管三部分。毛细血管是很细的小管子，肉眼看不见，它广泛地分布在体内的各个器官里。

心脏在体腔前部、鳃的下方，鱼的心脏有心房和心室两个腔。心房的壁薄，肌肉不发达。心室的肌肉厚而发达。和心房相通的是静脉，和心室相通的是动脉，联系动脉和静脉的是毛细血管。通过血液循环，给机体各组织输送养分，排出二氧化碳。

（八）排泄器官

鱼的肾脏是紧贴在体腔背面的一对伸长的器官，既是排泄器官又是造血器官，呈紫红色。肾脏的每一小管都开口于输尿管，两条输尿管通到膀胱，再从尿道通到泄殖孔。排泄作用是通过肾脏和鳃进行的。淡水鱼体液的浓度大于周围环境，根据渗透压原理，水通过鳃丝和口腔表皮等半渗性薄膜而渗入鱼体。体内多余的盐分也从鳃、口腔和肾排出体外。

淡水鱼类的尿中含有氨、肌酸等成分。氨对鱼有毒，在运输活鱼和密集养鱼时如果排出的氨量过多，对鱼类就会产生一定的毒害作用，因此在运输时要特别注意。

(九) 生殖器官

雌鱼有一对卵巢，位于鳔腹面的两边，平常比较细长，快到生殖时期则膨胀得很大，卵巢内充满了卵粒。成熟的卵由卵巢通过输卵管从生殖孔排出体外。

雄鱼有精巢一对，也位于鳔腹面的两边，平时也较细长，生殖前变得膨大。性成熟时精巢呈乳白色，人们通常称为鱼白。精巢里充满着乳白色的精液，其中有无数的精子。精子很小，肉眼看不到。精巢的后面有一短管通往生殖孔，称输精管。精液经过输精管从生殖孔排出体外，在水中与卵结合。鱼类绝大部分是体外受精。

(十) 骨骼、皮肤和肌肉

鱼的骨骼可分为头骨、躯干骨和鳍骨，由这些骨骼组成一个完整的骨骼系统。

鱼的皮肤分为真皮和表皮两层。包围鳞片的为表皮，鳞片的基部与真皮相接。剥去皮肤，就露出肌肉。肌肉附着在骨骼上，有些鱼的肌肉中有细小的肌间骨，俗称鱼刺。

(十一) 神经系统

鱼的神经系统包括脑、脊髓和神经等部分。脑在颅腔里，脊髓在椎管里。神经由脑和脊髓发出，分布在全身各部分。鱼的脑可分为大脑、间脑、中脑、小脑和延髓五部分。大脑不发达，它的前方有嗅神经，末端膨大呈球形，称嗅球。延髓之后有脊髓，一直通到尾部。

神经系统通过感觉器官和外界发生联系，并调整体内器官的活动。鱼类具有嗅觉、味觉、视觉、听觉和皮肤感觉等器官，这些感觉器官都具有适应于水中生活的结构和功能，我们了解这些功能以后，便可用于渔业生产。例如，我们可以利用鱼类的趋光性，在夜间以灯光诱集鱼群，然后加以捕捞。

2 淡水养殖的主要鱼类

▪ 青鱼

青鱼为我国淡水养殖的"四大家鱼"之一，主要分布于长江以南的平原地区，长江以北较稀少。青鱼是我国长江中下游和沿江湖泊的重要渔业资源以及各湖泊、池塘中的主要养殖对象。

（一）形态特征

青鱼体延长，略呈棒形。头稍尖。吻钝，口端位，弧形。上颌稍长于下颌，向后延伸至眼前缘下方。眼适中，位于头侧面的中部。背鳍条3，7～8（即硬棘3个，软棘在7～8），臀鳍条3，8～9。侧线鳞39～45枚。咽齿4/5（即左边4颗，右边5颗），臼齿状，齿表面光滑。体被较大的圆鳞。体色呈青灰色，背部较深，腹部灰白色，各鳍均为黑色（图2-3）。最大的个体可达70千克左右。

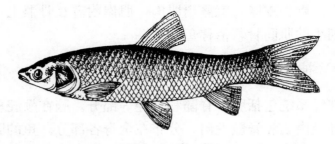

图2-3 青 鱼

（二）生活习性

青鱼喜栖息和活动在水的下层，通常不游到水的表层。生活在江河以及与江河相通的湖泊水库之中，与江河隔绝的湖泊、水库、池塘中没有青鱼的自然分布。4～10月份摄食季节常集中在江河湾道、沿江湖泊及附属水体中肥育。冬季在河床深水处越冬。生殖季节在江河中产卵。

◧ 草鱼

草鱼为典型的草食性鱼类，是我国淡水养殖的"四大家鱼"之一，分布于各大水系，为主要淡水鱼类养殖对象。

（一）形态特征

草鱼体延长呈圆柱形或圆筒形，腹圆无棱。口端位，上颌稍突出于下颌。头中等大小而较宽。吻短而较圆。背鳍条3，7（即硬棘3条，软棘7条），臀鳍条3，8，侧线鳞35～42枚。下咽齿2行，2，5～4，2（左面下咽齿2行，为2颗和5颗；右面下咽齿2行，为4颗和2颗），齿侧呈梳状，齿冠有栉齿，两侧为锯齿状。体被圆鳞，较大。体呈茶黄色，背部青灰色，腹部银白色，各鳍均呈浅灰色（图2-4）。最大个体可达30千克以上。

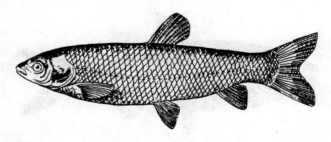

图2-4　草　鱼

（二）生活习性

草鱼栖息于江河湖泊中，平时栖居活动于水的中下层，觅食时也偶尔在水的上层活动。性情活泼，游泳快。通常在被水淹没的浅滩草地和泛水区域、干支流附属水体，如湖泊、小河、港道等小草丛生的水域摄食肥育。冬季在干流或湖泊的深水处越冬。生殖季节成熟的亲鱼有溯游习性，在适当的江段产卵，属半洄游性鱼类。

鲢鱼

鲢鱼又称白鲢、水鲢、跳鲢、鲢子，是我国淡水养殖的"四大家鱼"之一，分布于全国各大水系。鲢鱼是人工饲养的大型淡水鱼，生长快、疾病少、产量高，多与草鱼、鲤鱼混养。

（一）形态特征

鲢鱼体侧扁，稍高。腹部狭窄，腹呈刀口状，这种似刀口状的腹棱自胸鳍起直达肛门处。头大，约为体长的 1/4。眼较小，位于头侧中轴线之下。口较大，口裂略倾斜向上，下颌稍向上突起。鳃孔大，鳃盖膜较宽，鳃耙特化，彼此相互联合呈海绵状的膜质片。长有鳃上器。体被细小的圆鳞，侧线鳞 101～120 枚。咽齿 4/4，齿面有细纹和小沟。背鳍无硬刺，较短，鳍条为 3，7。臀鳍中等长，其起点在背鳍基部的后下方，臀鳍条 3，12～14。背部略带棕黑色，其余部分的颜色均为银白色（图 2-5），故有白鲢之称。鲢鱼的最大个体可达 20 千克左右。

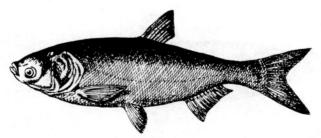

图 2-5 鲢 鱼

（二）生活习性

鲢鱼喜爱生活在水的上层。性情活泼，能跳跃出水面，受惊扰时能四处跳跃。平时栖居于干流及其附属水域中摄食肥育。刚孵出不久的幼鲢随水漂流时能主动游入河湾、湖泊中索饵觅食，产卵群体在 4 月中旬繁殖季节来临时开始集群，溯河洄游到产卵场产卵繁衍后代。产完卵后的鲢鱼亲鱼通常进入饵料较丰盛的湖泊中摄食。冬季，湖水变浅时，成熟个体又回到干流的河床深处越冬，未成熟个体大多就留在湖泊等附属水体的深水处越冬，冬季基本处于不活动或不太活动的状态之中。

■ 鳙鱼

鳙鱼又称花鲢、胖头鱼、包头鱼、大头鱼、黑鲢，是我国淡水养殖的"四大家鱼"之一。鳙鱼是我国特有鱼类，分布范围很广，是池塘养殖及水库渔业的主要对象之一。

（一）形态特征

鳙鱼体侧扁，稍高。腹棱自腹鳍基部起至肛门处为止。口端位，口裂稍向上倾斜。吻圆钝而宽阔。眼较小，位于下侧。头较肥大，故又有"胖头鱼"之称。咽齿4/4，齿面光滑，无细纹和小沟。鳃耙数有较大的变化幅度，往往随个体增大而数量增多，鳃耙排列紧密，状如栅片而不愈合，有鳃上器。背鳍短，其起点在腹鳍的起点之后，背鳍条为3，7，臀鳍起点在背鳍基后的下方，臀鳍条为3，11～14。侧线鳞95～115枚。头部、背部为灰黑色，间有浅黄色泽，腹部银白色，身体两侧散布着不规则的黑色斑点（图2-6），故有花鲢之称。最大的个体可生长至50千克左右。

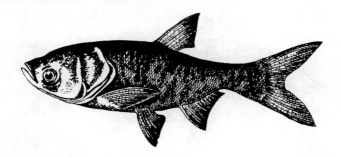

图2-6　鳙　鱼

（二）生活习性

鳙鱼性情温驯，生活在水体的中上层，行动迟缓，易于捕捞。在天然水域中，产卵后大多数亲鱼都进入沿江的通江湖泊中摄食肥育，冬季湖泊水位跌落、变浅，它们就游入长江等干流的深水区越冬。翌年春暖时节再上溯繁殖，属半洄游性鱼类。未成熟个体则喜欢栖息在附属水体内。

■ 鲤鱼

鲤鱼原产亚洲，后引进欧洲、北美以及其他地区。广泛分布于池塘、湖泊、河流中。

（一）形态特征

鲤鱼体形侧扁，略延长，背部呈弧形，腹部较平直。吻圆钝，可以收缩。口亚前位，有须2对，吻须较短，为颌须长的1/2左右。鳃孔较大，鳃盖膜与峡部相连。鳃耙较短，呈三角形。咽齿3行，1,1,3/3,1,1，内侧齿呈臼状。体被较大的圆鳞，侧线鳞33～39枚。背鳍和臀鳍都有1根坚硬的锯齿状硬棘，背鳍条3（4），15～22。臀鳍条3，5。背部暗黑色，体侧暗黄，腹部灰白色，尾鳍下叶呈橘红色，胸鳍、腹鳍、臀鳍均呈金黄色，但不如尾鳍下叶的颜色那么鲜艳。身体两侧鳞片的后缘具有黑斑纹，交合交织成网纹状（图2-7）。最大的个体可达40千克左右。

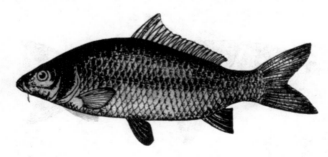

图2-7 鲤 鱼

（二）生活习性

鲤鱼是底栖性鱼类。喜欢在水体的下层活动。春季，在生殖后大量摄食肥育，冬季则游动迟缓，在江中通常进入深水处，在湖泊中则往往游入水草丛生的水域或者深水湖槽之中越冬。鲤鱼对水体生活环境和繁殖等条件都反映出其特别强的适应性，所以也能在各种水域中很好地生存和生活。

鲫鱼

鲫鱼在我国分布广泛，各地水域常年均有生产，是我国重要的食用鱼类之一。鲫鱼肉质细嫩，营养价值高，而且具药用价值。

（一）形态特征

鲫鱼体侧扁，厚而高，腹部圆。头小，眼大，口端位，上、下颌等长。鳃孔大，鳃盖膜与峡部相连，鳃耙细长，排列紧密。咽齿1行4/4，齿体侧扁。体被较大的圆鳞，侧线鳞27～30枚。背鳍和臀鳍都具有硬棘，后缘呈锯齿形，背鳍条3，15～19，臀鳍条3，5～6。背部体色呈灰黑色，腹部呈灰白色，各鳍呈灰色（图2-8）。最大的个体1.5千克左右。

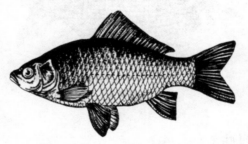

图2-8 鲫 鱼

（二）生活习性

鲫鱼是一种适应性强的鱼类。不论在深水或浅水、清水或浊水、流水或静水中都能很好地栖息生活，但比较喜欢栖息于水草丛生的浅水河湾中。生命力很强，对各种较差的水域环境有很好的适应能力，如在低氧、碱性较大的水中也都能生长繁殖，水温的变化即使幅度较大也能适应，在1～38℃的水温中都能很好地生存下去。

■ 团头鲂

团头鲂又称武昌鱼，原分布于长江中下游附属湖泊中，现已推广到全国。由于团头鲂具有草食性、疾病少、易饲养等优点，已成为池塘养殖的混养品种。

（一）形态特征

团头鲂体略呈菱形，侧扁。腹部自腹鳍基部至肛门有腹棱。头小，吻圆而钝，口较宽阔，上、下颌等长。体被较大的圆鳞。侧线位于体侧中部的略下方。鳔分三室，中室最大，呈圆形，后室最小。腹膜灰黑色，体的背侧灰黑色，腹部灰白色，各个鳍呈青灰色。背鳍条Ⅲ7（即前边不分支的硬棘为3个，后边分支的软棘为7个），具有光滑的硬棘（图2-9）。

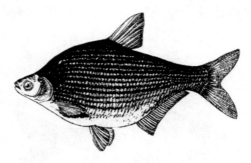

图2-9 团头鲂

（二）生活习性

团头鲂生活于湖泊静水水体中，平时生活、栖居于底质为淤泥、长有沉水植物敞水区的中下层，生殖季节群集于有水流的水域繁殖，冬季在深水的泥坑中越冬。

■ 鲮鱼

鲮鱼俗名土鲮、雪鲮、鲮公、花鲮，主要分布于珠江流域及海南岛，是我国华南地区重要的经济鱼类之一，一年四季均产。

（一）形态特征

鲮鱼体长而侧扁，背部的轮廓线呈缓弧形，腹部圆而稍平直。吻圆钝。吻皮边缘光滑，向下垂，覆盖于上唇的基部。上唇侧端较多外露，其边缘具有裂纹，与吻皮分离，在口角处与下唇相连。口小，下位，呈一横裂，在口角处稍下弯，上、下颌和上、下唇分离，其边缘呈薄锋。须两对。吻须较粗壮，接近于吻端；颌须短小，或是退化仅留痕迹。眼中等大小。鳃膜在前鳃盖骨下方与鳃峡相连，鳃耙短，排列紧密。下咽齿顶部扩大、侧扁，顶端斜截，齿冠和齿外面都具槽沟。咽齿3行，5，4，2/2，4，5。齿形侧扁，呈中间小、两端大的哑铃状。体被圆鳞，鳞中等大小。侧线鳞35～37枚。背鳍条3，12～13，臀鳍条3，5。背侧青灰色，腹侧浅色，体侧的上部每一个鳞片的后方均具有一黑斑，胸鳍上方、侧线上下鳞片的基部都有深黑斑，聚成一堆似菱形斑块，各鳍颜色为灰黑色（图2-10）。最大个体达4千克左右。

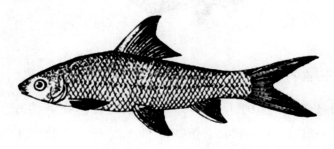

图2-10 鲮 鱼

（二）生活习性

鲮鱼栖息在温暖的河川及其附属水体的底层，性情活泼、善跳，喜活水，稍有水流便能引集大量的鲮鱼群。在池塘养殖中，常因漫埂或出现缺口而发生大量逃逸的情况。鲮鱼对低温的忍耐力很差，是一种生活在气候温暖地带的鱼类，冬季在河床的深处越冬，水温在7℃以下时即不能生存。

■ 鳊鱼

我国有 3 种鳊鱼，即长春鳊、壮体长春鳊和辽河鳊。作为养殖的品种，目前只有长春鳊一种。鳊鱼具有食性广、养殖成本低的特点，是水产养殖户喜爱的种类。

（一）形态特征

鳊鱼体侧扁，头后背部隆起，鱼体略似菱形，头小。口端位，口裂斜，上颌比下颌稍长。从颊部到泄殖孔之间有明显的腹棱。体色为银灰色，头背和体背为青灰色，各鳍均为浅灰色。鳊鱼鱼体生长缓慢，最大个体可达 1.5 千克左右（图 2-11）。

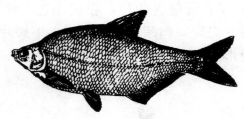

图 2-11　鳊　鱼

（二）生活习性

鳊鱼栖息于水的中下层，为草食性鱼类，但在寒冷季节水草不长时，也采食一些小杂鱼和水生植物的种子。对人工投喂的蔬菜叶、鲜嫩旱草和商品饲料也很爱吃。

■ 细鳞斜颌鲴

细鳞斜颌鲴又名沙姑子、黄尾刁、黄板鱼等，是我国的一种重要经济鱼类，主要分布于长江流域。

（一）形态特征

细鳞斜颌鲴体长而稍侧扁，背部较隆起，腹部圆钝，泄殖孔前至腹鳍基部有完全的腹棱，头小而尖，吻钝。口下位，呈弧形，下颌的角质边缘较发达。背部呈灰黑色，背鳍灰色，臀鳍淡黄色，尾鳍橘黄色、后缘呈黑色，其他各鳍灰白色（图 2-12）。此鱼与鲴类其他种易混淆。根据中国科学院水生生物研究所资料，几种鲴鱼的主要区别见表 2-1。

图 2-12　细鳞斜颌鲴

表 2-1　几种鲴鱼的主要区别

特征	细鳞斜颌鲴	黄尾密鲴	银鲴	扁圆吻鲴
腹棱	从泄殖孔到腹鳍基部	不发达，长度为泄殖孔到腹鳍的 1/4	无，或泄殖孔到腹鳍的 1/5	无，或在泄殖孔前有很不发达的腹棱
鳃盖后缘色斑	无	橘黄色斑 1 条	较深的橘黄色斑 1 条	橘黄色斑 1 条
下咽齿	内侧 1 行侧扁，末端略呈钩状；外侧 2 行纤细	内侧 1 行 6 枚，侧扁；外侧 2 行细长	内侧 1 行 6 枚，侧扁；顶端呈钩状；外侧 2 行纤细	内侧 1 行侧扁，顶端较尖；外侧 1 行细长
侧线鳞（枚）	78～84	63～68	53～64	72～74

（二）生活习性

细鳞斜颌鲴冬季群栖于湖泊开阔水面的深水处，春季气温、水温上升后分散活动，四处觅食。到 5～6 月份生殖季节到来时，鱼群溯水而上，寻找产卵场所繁衍后代。

尼罗罗非鱼

尼罗罗非鱼原产于约旦的坦噶尼喀湖，现已广泛为其他地区所引进，是联合国推荐养殖的优质水产养殖品种。我国于 1978 年引进并推广养殖。

（一）形态特征

尼罗罗非鱼体短、背高、体厚而略侧扁，体型似鲫鱼，背鳍、尾鳍似鳜鱼。背鳍硬棘 8 个以上，各鳍尖锐无锯齿，尾鳍后缘圆或平直。头前部直或稍隆起。口大，端位，上、下颌密生小颌齿。体被圆鳞。侧线分上、下两段，呈前后排列。

体色随栖息环境和繁殖季节而变化，一般呈棕黄色，上部较深，下部较淡。体侧有 8～10 条不大明显的黑色纵带纹，尾鳍上有较明显的垂直条纹。头和口的下侧及腹部呈白色。在繁殖期间，雄鱼的纵条带消失，呈暗红色，头及背部、咽喉部呈鲜红色。成熟的雌鱼体色稍红，但远不及雄鱼。幼鱼期体侧的黑色纵条纹明显，在背鳍后部可见一黑色斑块，此为罗非鱼属的"标记"（图 2-13）。

图 2-13　尼罗罗非鱼

（二）生活习性

尼罗罗非鱼是一种广盐性鱼类，可以在淡水、咸淡水和盐度高达 40～49 的海水中生长。尼罗罗非鱼喜高温，生活和生长的水温范围为 16～40℃，最适水温为 24～35℃。水温 35℃ 以上时生长缓慢。14℃ 以下时不摄食。最低临界温度为 10℃，9℃ 致死；最高临界温度为 40℃，40.3℃ 以上死亡。此鱼耐低氧，窒息点是水中溶氧量 0.07～0.30 毫克/升。

尼罗罗非鱼为底层鱼类，一般栖息于底层，活动的水层昼夜不同，白天在水层的中上层活动，中午接近上层水面，下午在中下水层内活动，夜间至翌日天亮前在池底不动或很少活动。

尼罗罗非鱼的繁殖习性与一般鱼不同。它具有成熟早、产卵盛期短、口腔孵育的特性，对繁殖条件要求并不苛刻。一年产卵多次，5～7月份为产卵的盛期。受精卵在雌鱼口中发育，在水温为28～29℃的条件下，从受精到仔鱼孵出需100小时左右。孵化后的仔鱼生活在雌鱼的口腔中，6～7天后，当仔鱼卵黄囊显著吸收、鳔已充气、能自由游泳时仔鱼才离开母体。当卵黄囊全部消失时，即进入稚鱼期。体长为18～23厘米的尼罗罗非鱼，其产卵量为1 137～1 647粒。

尼罗罗非鱼食性广，幼鱼的摄食与其他鱼类相同，成鱼以摄食浮游生物、水生昆虫、水生寡毛类、植物碎片和微囊藻、鱼腥藻等为主。尼罗罗非鱼生长较快，养3个月最大个体可达250克左右，第二年可达1 500克左右，是一种优良的养殖鱼类。

虹鳟

虹鳟原产于北美西部，栖息于山间溪流中。多年来经各地移殖，已成为世界冷水性鱼类饲养的主要对象。该鱼在1959年由朝鲜赠给我国黑龙江省饲养，现在黑龙江、辽宁、北京、山西等地都有养殖。

（一）形态特征

虹鳟体呈纺锤形，背部青黑色，侧面银白色，尾部侧面及背鳍、尾鳍上均有黑斑，体侧中央有一红色纵带，因此得名（图2-14）。

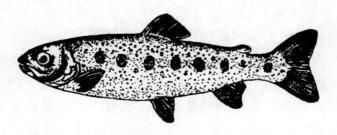

图2-14 虹 鳟

（二）生活习性

虹鳟是冷水性鱼类，在3～21℃生长很好，如果水量充足，水温

24℃以上也能生存。这种鱼吃昆虫和其他小型水生动物，2～3龄性成熟，产卵期在11月份至翌年5月份，一般在12月份至翌年3月份。进行人工采卵后亲鱼不死亡，与大麻哈鱼不同。

虹鳟对氧气的要求较高，耗氧量较大。在人工养殖条件下，水中溶氧量在10毫克/升以上时，食欲旺盛，生长较快，溶氧量低于5毫克/升时，呼吸发生困难，低于3毫克/升时，开始发生窒息死亡现象。虹鳟性喜逆流水，要求水质溶氧量高、透明度大。丰富的水流量对虹鳟极为重要。水流的刺激能够引起虹鳟正常的运动，增进其食欲，加快其生长。虹鳟适宜流速为2～30厘米/秒。最适pH范围是6.5～6.8。虹鳟对盐度有较强的适应能力，而且随个体的成长而增强，稚鱼能适应的盐度为5～8，当年鱼12～14，1龄鱼20～25，成鱼35；成鱼经半咸水过渡，甚至可适应海水中的生活。

■ 鳜鱼

鳜鱼又称季花鱼、桂鱼，肉质细嫩鲜美，富含蛋白质，是人们喜食的优质鱼类。

（一）形态特征

鳜鱼体侧扁，背部隆起。口大，端位，斜裂。下颌稍突出，上颌、下颌、犁骨、口盖骨上均长有绒毛状小齿。前鳃盖骨后缘呈锯齿状，有4～5个大棘，后鳃盖骨后缘有2个扁平的棘。鳞为圆鳞，细小。背鳍长，前部为硬刺，胸鳍圆形，腹鳍近胸部，尾鳍圆形。鱼体呈黄绿色，腹部灰白色。体侧具有不规则的暗棕色斑点及斑块，自吻端穿过眼眶至背鳍前下方有一条狭长的黑色带纹。在背鳍的第六至第七根刺的下方有一较宽的暗棕色带纹。其鳍上均有暗棕色的斑点连成带纹（图2-15）。鳜鱼肠管很短，有伸缩性很大的胃，胃与肠交界处有近百枚小盲囊，称为幽门垂。

（二）生活习性

鳜鱼为暖水性中上层鱼类，喜栖息于静水或缓慢流动的水层中，

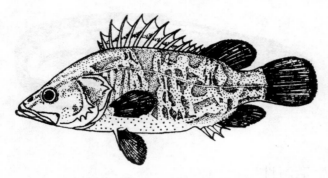

图 2-15　鳜　鱼

特别喜欢栖息于水草茂盛的湖泊中。在夏、秋两季，活动频繁，白天潜伏在洞穴中，夜间在水草丛中觅食。在冬季水温降至 7℃ 以下时就不大活动，常钻到深水处越冬，待到春季水温回升以后，游至沿岸浅水处摄食，不喜欢群居，幼鱼常在沿岸水草丛中栖息活动。鳜鱼有钻卧洞中及下陷低洼处的习性，所以渔民可用"踩鳜鱼"的方法捕捉。

鳜鱼的食物中常见的有鲫鱼、鲦、鳑鲏，甚至吞食黄颡鱼和较小的乌鱼，也常捕食虾类。被鳜鱼摄食的鱼类，有时甚至超过它自身的体长。

■ 鳗鲡

鳗鲡又名鳗鱼、河鳗、白鳗。鳗鲡广泛分布于中国、朝鲜、日本。我国沿海各大江、河及近江、湖泊均有分布。鳗鲡肉嫩味美，蛋白质和脂肪含量丰富，具有滋补强身的作用，是许多国家珍贵的养殖鱼类。鳗鲡饲养的方式多样，养殖技术逐步完善，产量也不断提高，但苗种的人工繁殖还未解决，不得不依靠采捕天然苗进行养殖。鳗苗和成鳗均为深受欢迎的出口水产品。

（一）形态特征

鳗鲡身体延长，前部近圆筒形，后部侧扁。头尖，口大，口裂深达眼后缘，上、下颌具有细齿。脊椎骨很多，数量多至 260 枚。鳃孔狭小。鳍无棘，无腹鳍；背鳍、臀鳍很长，后部与尾鳍相连（图 2-16）。

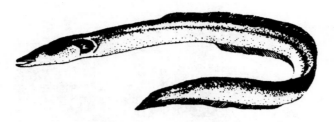

图 2-16 鳗鲡

（二）生活习性

鳗鲡为降河性洄游鱼类。每年秋、冬季，性成熟的亲鳗大批降河入海进行繁殖，产后亲鱼死亡。翌年春季 2～5 月份，成群幼鳗自海洋进入淡水的江、河、湖泊生长、肥育。鳗鲡属温水性鱼类，生活生长的适宜水温为 20～30℃。38℃是其生存高限，1～2℃是其生存低限。鳗鲡喜暗怕光，昼伏夜出。适应能力强。皮肤有呼吸功能，因此即使出水较长时间，也不易死亡。

■ 乌鳢

乌鳢又称乌鱼，我国各地湖泊、河道、水库等水域常有分布。乌鳢生长快，肉味鲜美，营养丰富，经济价值高，是受欢迎的出口水产品之一。

（一）形态特征

乌鳢鱼体前部呈圆筒形，后部侧扁。头尖而扁平，颅顶覆盖鳞片。背鳍和臀鳍很长。体色暗黑，并稍带浅灰绿色，有大的黑色斑纹。乌鳢属鲈形目、鳢科，该科共分两属。一为鳢属，腹鳍存在；另一属为月鳢属，腹鳍缺少（图 2-17）。

图 2-17 乌 鳢

（二）生活习性

乌鳢生存水温为 0～40℃，生长适宜水温为 15～30℃，水温降至 12℃以下停止摄食。冬季有蛰居水底埋在淤泥中越冬的习性。水中缺氧时可将头露出水面，借助鳃上器官呼吸空气中的氧气，离开水时只要体表和鳃部保持一定的湿度，仍可生存较长时间。属肉食性凶猛鱼类，在自然水域中以小鱼虾、蛙类及各种水生小动物为食。在人工养殖条件下可摄食配合饲料，有自相残食习性。

乌鳢喜栖息于沿岸泥底水草丛中，适应性强，可借助鳃上器官辅助呼吸，故能在氧气含量较低的水体中生活。对缺氧环境适应性很强，甚至在无水潮湿处也能生活很长时间。

乌鳢幼鱼时以浮游生物为食，3 厘米后以昆虫、小虾和小鱼为食，体重 500 克的乌鳢能吞食 100～150 克的草鱼、鲤鱼、鲫鱼等。

乌鳢一般 2 龄性成熟，产卵季节自 5 月底至 7 月底，以 6 月份为最盛。产卵场分布在长有茂密水草的静水浅滩。怀卵量为 1.4 万～3.4 万粒，卵为浮性卵。

◼ 黄鳝

黄鳝又称鳝鱼、长鱼、罗鳝、田鳗等，是一种亚热带淡水鱼。黄鳝广泛分布于中国、朝鲜、日本、泰国、印度尼西亚、马来西亚、菲律宾等国家。我国主要产地为广东、广西、四川、江苏、浙江、湖南、湖北等省、自治区，东北、华北、西北地区也有少量出产。

（一）形态特征

黄鳝体型呈长管状，从头部至尾端逐渐尖细，体表黏滑无鳞，口腔和喉腔有辅助呼吸器官，在其内壁上分布着丰富的血管，能直接呼吸空气，所以黄鳝出水不易死亡。

黄鳝体色背侧呈棕黄色，散布深棕色斑点。口大、眼小，为皮膜所覆盖。视觉不发达。鼻孔 2 对。无胸鳍、腹鳍、背鳍，臀鳍退化为皮褶状，很难分辨其有无。鳃退化、鳃丝短，鳃盖在头下部合二为一，呈一横裂。无鳔（图 2-18）。

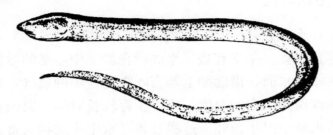

图 2-18 黄 鳝

在自然体长 14～52 厘米时，属于雌、雄性逆转阶段。一般 35 厘米以下时均为雌性，36～38 厘米时雌、雄数几乎相等，53 厘米以上者多为雄性。性成熟的黄鳝卵巢呈金黄色，精巢为一灰白色细管。黄鳝体长可达 70～80 厘米，体重可达 1.5 千克以上。

（二）生活习性

黄鳝栖息于池塘、沟渠、河川、塘堰、水田等浅水中，善于掘穴潜伏，白天常藏于洞中，夜间出穴寻食，适宜生长温度为 10～30℃，最适宜的水温为 20～25℃。喜吞食食物，为肉食性凶猛鱼类，摄食量大，也耐饥饿，喜欢吃活食，以小鱼、小虾、蝌蚪、蛙、蚌、蚬、螺和昆虫幼虫等小动物为食，也兼食有机碎片、丝状藻类，人工投放的蚯蚓、蝇蛆、蚕蛹和一些植物性饲料，摄食动作迅速，饱食后即缩回洞中。

黄鳝有性逆转的繁殖特性，刚孵出的鳝苗很小，从幼鳝起，直到第一次性成熟，全部是雌性。但产卵后，卵巢慢慢变成精巢。每条黄鳝都要经过这种由雌性到雄性的转变。

■ 泥鳅

泥鳅又名鳅，在全世界有 10 多种，主要品种有泥鳅、大鳞副泥鳅、中华花鳅等。泥鳅为营养丰富的鱼类品种，并有开胃、滋补等作用，在我国分布广泛。泥鳅的饲养和捕捉均有成套的技术。

（一）形态特征

泥鳅体型长而圆，微侧扁。头部无鳞，体表鳞片很细小。体表多黏液、色黄，带苍青黑色斑纹，背部较密。雄鱼较雌鱼色深。口须5对。背鳍无硬刺，背鳍与腹鳍相对，但胸鳍距离腹鳍较远。腹鳍短小，臀鳍位于肛门之后，尾鳍呈圆形（图2-19）。

图2-19 泥 鳅

（二）生活习性

泥鳅属杂食性鱼类，以水中的甲壳动物、昆虫、底栖生物、微生物、浮游生物等小型动物和高等植物为主食，栖息在富有淤泥底质的池沼、沟渠及稻田中，喜居水底。泥鳅在水温10℃以下时进入冬眠阶段。冬季冰雪覆盖或水少干旱时能潜入泥底深30厘米以上处。呼吸一般用鳃，但是在缺氧时露出水面用口吸气，废气由肛门排出，利用直肠上致密的微血管吸取氧气。

泥鳅性成熟年龄为2龄。体长8厘米的雌鳅怀卵量为2 000粒，10厘米为12 000～18 000粒，20厘米约24 000粒。分次产出。卵略有黏性，黏于水草的根部和茎部，呈黄色，不透明。雌、雄亲泥鳅可从观察其鳍条的形状来鉴别。雌鱼胸鳍小而圆、薄；雄鱼胸鳍大而长，末端尖。

■ 加州鲈

加州鲈又名美洲大嘴鲈、大口黑鲈，隶属于鲈形目、棘臀鱼科。原产美洲亚热带地区，属温水性鱼类。我国台湾省于20世纪70年代中期就引入加州鲈，80年代初期广东省开始养殖，现在分布全国各地，养殖较普遍。

（一）形态特征

加州鲈的体型呈纺锤形，头部尖、略呈三角形，吻尖突出，口大、端位，体长为头长的 2.9 倍左右。鱼体背部黑色，腹部灰白色，体侧带有青色斑纹。鳞片细而密，为圆形。背鳍生长部有硬刺。胸鳍形状，雄鱼长圆形，雌鱼稍圆形、略有棕黄色，腹鳍近胸部，臀鳍为玉白色，尾鳍如蒲扇形（图 2－20）。加州鲈最大个体可达 83 厘米，体重 10 千克。

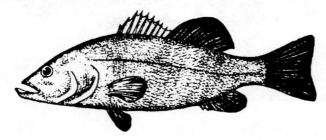

图 2-20　加州鲈

（二）生活习性

加州鲈喜栖息于水域中下层沙质或泥沙质混浊度低的静水环境中，经人工养殖也能适应在稍肥沃的水质中生活。水中溶氧量为 1.5 毫克/升以上，在 1.0～36.4℃范围均能生存。它不但能在淡水中生长，而且在盐度 10 以内的水中养殖效果也良好。

加州鲈幼鱼以食浮游动物为主，成鱼则以比自身小的鱼虾类为活饲料，但人工投饲颗粒配合饲料也可饲养。在广东地区当年鱼可长至 500 克，2 龄鱼可达 1 500 克。性腺成熟时则生长速度减慢。

加州鲈 2 足龄性成熟，2～7 月份为产卵季节，4 月份为盛产期，繁殖适宜水温为 18～26℃，以 20～25℃为最佳。体重 1 000 克的亲鱼，怀卵量为 4 万～10 万粒，一年多次产卵。卵稍有黏性。产卵池池底要硬些、无淤泥，最好铺上 10 厘米厚的粗沙，沙子要清洗干净，池底宽度 20～30 厘米即可。

产卵时，雌鱼自己用尾鳍打鱼巢（窝），把卵产在窝内，有雄鱼护卵，其他杂鱼不得靠近，否则会被它驱除或吃掉，就是其他鲈鱼靠近，不是"夫妇"也被驱除，待卵孵化成鱼苗之后雄鱼才离去。

◼ 胡子鲇

胡子鲇的俗名较多，如塘虱鱼（广东）、塘角鱼（广西）、过山鳅（湖南）、土杀鱼（闽南、台湾）、塘利（香港）、八须鲇（湖北）等。我国的南方，胡子鲇分布甚为广泛，遍及整个淡水水域，江河、湖泊、池塘、沟渠、水田中到处可见。

（一）形态特征

胡子鲇头扁平，头背部有许多放射状排列骨质突起。吻宽而钝，口稍下位、横裂。眼睛小，位前侧。触须为 4 对，两对长，两对短小，生于口唇周围。鳃耙数多达 52～90 对，鳃腔里有发达的石花状及扇状辅助呼吸器官，可在缺氧条件下生存。牙齿十分发达，适于捕捉水体中的小动物。

胡子鲇体表光滑无鳞，呈圆筒或椭圆状，自头至尾逐渐变小，体后半部略呈侧扁。体背苍灰色，体侧有不规则的灰白色斑点，胸腹部为灰白色。

鳍有背鳍、尾鳍、臀鳍、腹鳍和胸鳍。臀鳍很长，自头后至尾延伸，其长度为体长的 2/3 以上；尾鳍呈铲状，不分叉，不与背鳍、臀鳍相连；腹鳍生于生殖器官和肛门附近的两侧；胸鳍生于头后鳃边两侧。腹鳍和胸鳍都较小。胸鳍有 1 根发达的硬刺，可支撑身体在离开水体后爬行。体重 10 克以上的胡子鲇，所有鳍的边缘都有淡红色线条环绕（图 2-21）。

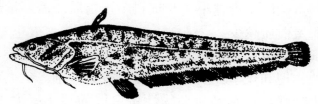

图 2-21　胡子鲇

（二）生活习性

胡子鲇为热带、亚热带鱼类，不耐低温，生活的适宜水温为25～33℃，在14℃以上开始大量摄食。胡子鲇能耐低氧环境，在溶解氧为0.8毫克/升以上的环境中能较好地生长和发育。胡子鲇为底栖性鱼类，喜钻穴营居，白天喜钻入洞穴之中，夜间四处活动和觅食。胡子鲇有珊瑚状的鳃上辅助呼吸器官可以帮助呼吸，而且皮肤也具有呼吸作用，因此它们能够生存在低氧的环境之中，只要它们的体表保持着湿润，即使离开水几天也不会死亡。胡子鲇胸鳍的外缘有一根坚硬粗壮的硬棘，能帮助它们在陆地上支撑着身体而爬行，从一个水体迁移到另外一个水体。

3 渔用饲料

■ 渔用饲料营养要素

（一）蛋白质

蛋白质是渔用饲料中最主要的营养物质。鱼类对饲料中蛋白质含量的要求较高，常见的淡水养殖鱼类要求饲料中含粗蛋白质26％～40％。鱼类对饲料中粗蛋白质的需要量因鱼的种类不同而有差别。动物食性鱼类（如鳗鲡）对饲料的蛋白质含量要求较高，植物食性鱼类（如草鱼）要求最低，杂食性鱼类（如鲤鱼、鲫鱼）介乎两者之间。即使同一种鱼类，在不同的生长发育阶段，对饲料中蛋白质的需求量也有所不同。鱼类的年龄越小，对饲料中蛋白质的需要量越多；年龄越大，则需要蛋白质越少。

鱼类对饲料中所含蛋白质的消化利用程度，由于种类、水温、摄食量及饲料的物理和化学性质的不同而有较大差别。鱼类对蛋白质的消化吸收能力较强，特别是对动物性蛋白质的消化率大多在80％以上。在植物性饲料中，采用粗蛋白质含量较高的大豆、豌豆、扁豆、花生麸等投喂鲤鱼，也可获得较高的消化率。

（二）氨基酸

氨基酸是构成蛋白质的基本单位。饲料中所含的蛋白质都不能直接被鱼类消化吸收，必须经过酶的作用，把蛋白质分解为氨基酸，才能通过消化系统进入血液，在鱼体内重新合成自身的蛋白质。常用饲料中蛋白质分解后的氨基酸有 20 多种，其中赖氨酸、色氨酸、蛋氨酸、亮氨酸、组氨酸、异亮氨酸、缬氨酸、苯丙氨酸、精氨酸、苏氨酸 10 种氨基酸是鱼类自身不能合成的必需氨基酸，它们具有不同的功能，彼此协调，促进鱼体的生长发育。若组成比例均衡、适当，则饲料蛋白质转化为鱼体蛋白质的数量大，增重效果好。因此，渔用饲料除了要考虑蛋白质的含量外，还应十分注重必需氨基酸的平衡。

（三）脂肪

在渔用饲料中添加适量脂肪，可以提高饲料的可消化能量，减少蛋白质饲料用量。投喂含有脂肪的饲料，尤其在越冬前投喂脂肪含量较高的饲料，可以减少越冬低温期鱼类死亡。但在饲料中过量添加脂肪，会使鱼体内脂肪大量积累，出现肥胖病态而使其商品档次下降，影响食用价值，甚至会引起鱼体水肿及肝脏脂肪浸润等疾病。一般渔用饲料的粗脂肪含量应控制在 $4\%\sim10\%$。

（四）糖类

糖类是渔用饲料中需要量较大的营养成分，也是鱼体的能量来源。因此，在饲料中适量搭配糖类，也有节约蛋白质饲料的作用。糖类分为无氮浸出物（可溶性碳水化合物、淀粉）和纤维素。无氮浸出物经过鱼类消化系统酶的作用分解后被吸收利用，成为鱼体能量的主要来源。鱼类对糖类的利用率较低，如果在渔用饲料中搭配的糖类过多，会降低鱼类对饲料中蛋白质的消化率，影响食欲，阻碍生长；同时，由于过量的糖类转变为脂肪积蓄体内，就会影响肝脏的新陈代谢功能，形成脂肪肝（又称高糖肝）。因此，渔用饲料的糖类含量应控制在 20%（冷水性鱼类）～30%（温水性鱼类）为宜。

（五）维生素

维生素是鱼类生长发育过程中不可缺少的营养物质，但它不产生热量，不构成机体组织，也不能从水生动物体内合成，必须从饲料中摄取，虽然需要量很少，但绝不可缺少。维生素是一种活性物质，在鱼体内作为辅酶和辅基的组成部分，参与新陈代谢。如果缺乏某种维生素，体内某些酶活性失调，将会导致代谢紊乱，影响某些器官的正常功能，致使鱼生长缓慢，对疾病抵抗力下降，甚至死亡。

维生素广泛存在于各种鲜活食物中，在天然水域中鱼类很少出现维生素缺乏症，但在饲养过程中，鱼类对维生素的需要容易受到多种因素的制约和影响，最主要是受饲料配方以及饲料加工工艺、贮藏方法的影响。大多数维生素怕热，有的维生素怕光和容易被氧化或还原而受到损失，最容易被破坏的是维生素 C 和维生素 A。维生素 C 即使在室温下贮藏也会受到损失，在碱性条件下被破坏的程度更大。优良的加工机械、合理的加工技术、正确的贮藏方法、尽量缩短贮藏时间，都可以使维生素的损失减小到最低限度，这对于提高养鱼经济效益极为重要。

（六）灰分

灰分又称为矿物质或无机盐类，包括常量元素和微量元素两大类。它不仅是构成鱼体骨骼组织的重要成分，而且是酶系统的重要催化剂。其营养功能是多方面的，可以促进鱼类生长，提高鱼体对营养物质的利用率。血液中的血红蛋白就是一种含铁的蛋白质。灰分在体液内以离子状态存在，可调节酸碱度，调剂鱼类与水环境的渗透压。鱼类生活在水中，通过渗透和扩散等多种途径，可从水中直接吸收一部分无机盐。但是无机盐的主要来源仍然是从饲料中获得，故在饲料中搭配无机盐时，应考虑到水中无机盐的含量状况。

钙、磷是构成鱼类骨骼组织的重要组成部分，如缺乏会影响其骨骼发育，产生类似软骨病的畸形病状。饲料如含有过多的钾、铁、锌、铜、碘，反而会延缓鱼类生长。饲料中铜、铁的含量过低时，鱼体的血细胞数量将会减少。微量元素则是鱼类体内物质代谢中各种酶、辅酶或酶催化剂的组成部分，具有节约饲料和促进生长的作用。

◼ 渔用饲料的种类

依照渔用饲料的形态可分为粉状饲料、碎粒状饲料（破碎料）、颗粒状饲料和微型饲料。鱼苗期常用粉状饲料，成鱼期常用颗粒饲料。颗粒饲料按照含水量与密度可分为硬颗粒饲料、软颗粒饲料、膨化颗粒料和微型颗粒料等四种。

依照饲料在水中的沉浮分为浮饲料、半浮性饲料和沉性饲料三种。

依照饲料的营养成分可分为全价饲料、浓缩饲料、添加剂预混合饲料和添加剂四种。

依照养殖对象可分为鱼苗开口料、鱼种饲料、成鱼饲料和鱼饲料等四种。

（一）粉状饲料

粉状饲料就是将原料粉碎到一定细度，按配方混合均匀后而成。因饲料中含水量不同而有粉末状、浆状、糜状、面团状等区别。粉状饲料适用于饲养鱼苗、小鱼种以及摄食浮游生物的鱼类。粉状饲料经过加工，加黏合剂、淀粉和油脂喷雾等加工工艺，揉压而成面团状或糜状，适用于鳗、虾、蟹、鳖及其他名贵肉食性鱼类食用。

（二）颗粒饲料

按照鱼体营养需求及饲料配方，将饲料原料经粉碎（或先混匀）后充分搅拌混合，在颗粒机中加工成型的颗粒状饲料总称为颗粒饲料。

1. 硬颗粒饲料。成型饲料含水量低于13%，颗粒密度大于1.3克/厘米^3，沉性。蒸气调质80℃以上，硬性，直径1~8毫米，长度为直径的1~2倍。适合于养殖鲑、鳟、鲤、鲫、草鱼、青鱼、团头鲂、罗非鱼等品种。

2. 软颗粒饲料。 成型饲料含水量 20%～30%，颗粒密度 1.0～1.3 克/厘米³，软性，直径 1～8 毫米，面条状或颗粒状饲料。在成型过程中不加蒸气，但需加水 40%～50%，成型后干燥脱水。草食性、肉食性或偏肉食的杂食性鱼喜食这种饲料，如草鱼、鳗鱼、鲤鱼和鲈鱼等。软颗粒饲料的缺点是含水量大，易生霉变质，不易贮藏及运输。

3. 膨化颗粒饲料。 成型后含水量小于硬颗粒饲料，颗粒密度约 0.6 克/厘米³，为浮性泡沫状颗粒。可在水面上漂浮 12～24 小时不溶散，营养成分溶失小，又能直接观察鱼吃食情况，便于精确掌握投饲量，所以饲料利用率较高。现在越来越多的养殖户在生长高峰时选择膨化颗粒饲料进行投喂，可以降低对水质的污染，提高饲料利用率等。

4. 微型颗粒饲料。 微型颗粒饲料是直径在 500 微米以下，小至 8 微米的新型饲料的总称。它们常作为浮游生物的替代物，称为人工浮游生物。饲养刚孵化的鱼苗、虾蟹类和贝类，也被称为开口饲料。

■ 配合饲料的配制原则

（一）符合养殖鱼类饲养需要

设计饲料配方必须根据养殖鱼类的营养需要和饲料营养价值，这是首要的原则。由于养殖鱼类品种、年龄、体重、习性、生理状况及水质环境不同，对于各种营养物质的需要量与质的要求是不同的。配方时首先必须满足鱼类对饲料能量的要求，保持蛋白质与能量的最佳比例。其次是必须把重点放到饲料蛋白质与氨基酸含量的比率上，使其符合营养标准。再次是要考虑鱼的消化道特点，由于鱼的消化道简单而原始，难以消化吸收粗纤维，因此必须控制饲料中粗纤维的含量到最低范围，一般控制在 3%～17%，糖类控制在 20%～45%。

（二）注重适口性和可消化性

根据不同鱼类的消化生理特点、摄食习性和嗜好，选择适宜的饲料。如血粉含蛋白质高达 83.3％，但可消化蛋白仅 19.3％；肉骨粉蛋白质仅为 48.6％，但因其消化率为 75％，可消化蛋白质为 36.5％，高出血粉一倍。又如菜籽饼的适口性差，可能会导致摄食量不足，造成饲料浪费。

（三）平衡配方中蛋白质与氨基酸

设计鱼料配方要考虑蛋白质、氨基酸的平衡，即必须选择多种原料配合，取长补短，达到营养标准所规定的要求。

（四）降低原料成本

所选的原料除考虑营养特性外，还须考虑经济因素，要因地制宜，以取得最大的经济效益。

（五）选用适当的添加剂

配合饲料的原料主要是动物性的原料和植物性的原料，为了改善营养成分和提高饲料效率，还要考虑添加混合维生素、混合无机盐、着色剂、引诱物质、黏合剂等添加剂。

4 常用渔药及施药方法

渔药是用以预防、控制和治疗水产动植物的病虫害，促进养殖品种健康生长，增强机体抗病能力，改善养殖水体质量，以及提高增养殖渔业产量所使用的物质。渔药被包括在兽药之内，但渔药有其明显的特点，主要表现为其应用对象的特殊性以及易受环境因素影响两方面。其应用对象主要是水产养殖动物，其次是水生植物以及水环境。

■ 渔药的种类

（一）抗氧化剂

为了阻止或延长饲料氧化、稳定饲料的质量、延长贮存期而在饲料中添加的物质。有一些物质，其本身没有抗氧化作用，但与抗氧化剂混合使用，却能增强抗氧化剂的效果，这些物质称为抗氧化剂增效剂。现被广泛使用的抗氧化剂增效剂有：柠檬酸、磷酸、抗坏血酸等。抗氧化剂对已氧化的饲料无作用。

（二）消毒剂

以杀灭水体中的微生物（包括原生动物）为目的所使用的药物。常用的消毒剂有醛类如甲醛溶液（福尔马林）；氧化剂类如氧化钙、高锰酸钾等；卤素类如强氯精、二溴海因、溴氯海因等；表面活性剂类如苯扎溴铵、季铵盐等；碘制剂如聚维酮碘、季铵盐络合碘、蛋氨酸碘等。

（三）杀虫药

指通过药浴或内服，杀死或驱除体外或体内寄生虫的药物以及杀灭水体中有害无脊椎动物的药物。包括抗原虫药，如硫酸铜、硫酸亚铁、碘等；抗蠕虫药，如敌百虫、碳酸氢钠、氯化铜等；抗甲壳动物药，如菊酯类、高锰酸钾等。

（四）中草药

包括抗细菌中草药，如大黄、黄连、大青叶等；抗真菌中草药，如马筮铃、白头翁、苦参等；抗病毒中草药，如板蓝根、野菊等；驱（杀）虫中草药，如苦楝皮、使君子。

（五）改良剂

以改良养殖水域环境为目的所使用的药物，包括底质改良剂、水质改良剂和生态条件改良剂。常用的环境改良剂有氧化钙（生石灰）、漂白粉、光合细菌、沸石等。

（六）抗生素药

指通过内服或注射，杀灭或抑制体内微生物繁殖、生长的药物。

包括抗菌药、抗真菌药、抗病毒药等。主要分为八大类：①β-内酰胺类，包括青霉素类、头孢菌素类、碳青霉烯类、含酶抑制剂的β-内酰胺类及单环酰胺类等。②氨基糖苷类，包括卡拉霉素、庆大霉素等。③四环素类，包括土霉素、强力霉素等。④氟喹诺酮类，包括恩诺沙星、氧氟沙星、诺氟沙星等。⑤叶酸途径抑制剂类。⑥氯霉素，包括氟苯尼考等。⑦糖肽类，包括万古霉素和替考拉宁。⑧大环内酯类，包括阿奇霉素、克拉霉素、罗红霉素等。

（七）防霉剂

主要有以下几类：①丙酸及其盐类。这是普遍使用的饲料防霉剂，同时也是一种酸味剂，毒性很小。②苯甲酸和苯甲酸钠。③柠檬酸和柠檬酸钠。为无色半透明结晶或白色颗粒，无臭，味极酸，极易溶于水，水溶液呈酸性，既是酸味剂，又是抗氧化剂的增效剂，在饲料中起防腐作用。柠檬酸钠为无色结晶或白色结晶粉末，主要用作防霉剂，也可用作调味剂。

（八）生物制品

用微生物（细菌、噬菌体、病毒等）及其代谢产物、动物毒素或水生动物的血液及组织加工制成的产品，可用来预防、治疗或诊断特定的疾病。其中包括：抗毒、抗菌、抗病毒的抗病血清，供诊断各类特定疾病的诊断试剂（诊断液），用于预防传染病发生的疫（菌）苗如草鱼出血病疫苗等。生物制品多为蛋白质，性质不太稳定，一般都怕热、怕光，有些还不可冻结。

（九）免疫激活剂

主要是促进机体免疫应答反应（包括特异性免疫应答与非特异性的免疫应答反应等）的一类物质。该类物质大部分为无机化合物和有机化合物，一般均为非生物制品。免疫激活剂按其作用机制可分为两类：一类是改变疫苗应答的物质，促使疫苗产生、增强或延长免疫应答反应，称为佐剂。另一类是非特异性的免疫激活剂，如左旋咪唑、

FK - 565、葡聚糖等。

（十）改善代谢药物

以改善养殖对象机体代谢、增强机体体质、病后恢复、促进生长为目的而使用的药物。通常以饵料添加剂方式使用。主要包括：激素，分为肾上腺皮质激素、性激素及促性腺激素；维生素，可分为脂溶性维生素如维生素 A 和维生素 D，水溶性维生素如维生素 B；钙、磷及微量元素，如磷酸氢钙、磷酸二氢钠等；氨基酸，如蛋氨酸、甘氨酸等；促生长剂，如牛磺酸等。

■ 施药方法

（一）池塘养殖的施药方法

1. 遍洒法。 遍洒法是池塘养殖外用药物的主要使用方法。它用于水体消毒、杀虫、杀菌、清塘、调水、肥水等，其方法是将使用的药品用胶盆或水桶稀释 2 000 倍以上，在池塘的上风口往下风口均匀泼洒，即遍洒法。此方法必须标准测量水体体积，灵活掌握用药浓度，这样才能达到治疗目的。

2. 内服法。 此法是投喂饲料养殖鱼类的主要用药方法。适用于消炎、杀菌、增强机体的免疫功能，促进生长、驱虫等。本方法关键在于必须将药品拌入饵料并成功让其摄入鱼体内才能达到目的。

3. 浸洗法（又称浸泡法）。此法是鱼种放养、转运、转池时采用的主要方法。浸洗时间及浓度是此法的关键，浸洗时间一般为 15～30 分钟，但应随鱼体的大小、多少、体质强弱，用药的浓度，水温高低，鱼体忍耐力等情况而灵活掌握。

4. 食物挂袋法。 此法大量用在池塘精养及网箱养殖的疾病预防中，主要是在食物（或网箱对角）三角区内挂上杀菌、杀虫的两种药物袋，使其形成药物区，在鱼类进入食物区摄食时，通过药物区进行鱼体体表消毒、驱（杀）虫，达到防疫的目的，该法简单，省时，省药，但对病原体杀灭不彻底。

（二）网箱养殖的施药方法

1. 浸洗法。此法是网箱养殖外用消毒、杀菌、杀虫的主要方法。其方法是按网箱大小（长×宽×高）做一个能围住网箱周边的长方形"帘子"（材料可选用塑料布等），在帘子底面加上沉子（总重量4～5千克沉子，材料可用砖块或鹅卵石），"帘子"上面均匀安上球形浮子（浮力在20千克以上），当网箱要浸洗时可将"帘子"围住网箱并封好接头处，这时"帘子"内形成一个相对静止的水域环境，这时可按围住水体计算施药量（药量为常规用药量浓度的5～10倍，兑水泼洒），此法不惊动鱼，不会造成药害，操作简单容易，但必须注意观察，发现鱼有惊跳或浮出水面吞食氧气时，应及时拆去"帘子"或拉动网箱。

2. 挂袋法。网箱养殖预防鱼病多用此法。挂袋方法是：在网箱内的对角悬挂药物袋，药物袋沉于水下40～50厘米处或置于网箱的箱盖中心。

3. 口服法。参照池塘施药方法。

小常识

如何选择渔药

我国生产渔药的厂家众多，在选择渔药时需要注意以下几点：

（1）看药品生产企业是否为GMP验收通过企业。

（2）看药品包装是否有批准文号、生产日期、具体成分等。

（3）国家明令禁止买卖的原粉类药品及禁用的药品不用。

（4）不要轻易购买所谓的特效药，这样的药可能效果较好，但是可能对鱼体造成较大的刺激。

参考文献

雷慧僧，薛镇宇，王武 . 2006. 池塘养鱼新技术 . 北京：金盾出版社.

刘焕亮 . 2000. 水产养殖学概论 . 青岛：青岛出版社.

王武 . 2000. 鱼类增养殖学 . 北京：中国农业出版社.

占家智，羊茜 . 2012. 淡水鱼高效养殖技术 . 北京：化学工业出版社.

单元自测

1. 简述常见养殖鱼类的形态特点是什么。
2. 简述常见养殖鱼类的主要生活习性有哪些。
3. 鱼类的消化器官有哪些？具有什么特点？

学习笔记

1 池塘养殖前期准备

■ 整塘和清塘

（一）整塘和清塘的作用

1. 改善水质，增加肥度。池塘淤泥过多，有机物耗氧量大，造成淤泥和下层水长期呈缺氧状态。在夏、秋季节容易造成鱼类缺氧"浮头"，甚至"泛池"死亡。此外，有机物在缺氧条件下，产生大量的有机酸、硫化氢、氨等，使 pH 下降，并抑制鱼类生长。池塘排水后，清除过多淤泥，池底经阳光曝晒，改善了淤泥的通气条件，加速了有机物转化为无机营养盐，改善了水质，增加了水的肥度。

2. 增加放养量。清除淤泥后，可增加池塘的容水量，相应地可以增加鱼苗的放养量和鱼类的活动空间，有利于鱼苗生长。

3. 保持水位，稳定生产。清理池塘，修补堤埂，防止漏水，提高了抗灾能力和生产的稳定性。

4. 杀灭敌害，减少鱼病。通过整塘、清塘，可清除和杀灭野杂鱼类、底栖生物、水生植物、水生昆虫、致病菌和寄生虫孢子，提高了鱼苗的成活率。

5. 增加青饲料（或农作物）的肥料。塘泥中有机物含量很高，是植物的优质有机肥料。将塘泥取出，作为鱼类青饲料或经济作物的肥料，变废为利，有利于渔场生态平衡，可提高经济效益。

（二）整塘和清塘的方法

多年开展养鱼的池塘，由于淤泥淤积过多，堤基受波浪冲击，一般都有不同程度的崩塌。在养殖生产前必须进行整塘和清塘。整塘，就是将池水排干，清除过多淤泥，将塘底推平，将塘泥敷贴在池壁上，使其平滑贴实，填好漏洞和裂缝，清除池底和池边杂草，将多余的塘泥清上池堤，为青饲料的种植提供肥料。清塘，就是在池塘内施用药物杀灭影响鱼苗生存、生长的各种生物，以保障鱼苗不受敌害、病害的侵袭。

先整塘，曝晒数天后，再用药物清塘。在认真做好整塘工作基础上，才能有效地发挥药物清塘的作用。否则，池塘淤泥过多，造成致病菌和孢子大量潜伏，清塘药物无法发挥预期效果。生产上要克服"重清塘、轻整塘"的做法。

（三）常用清塘药物及其使用方法

1. 生石灰清塘。生石灰遇水就会生成强碱性的氢氧化钙，在短时间内使池水的 pH 达到 11 以上，因此可杀灭野杂鱼类、蛙卵、蝌蚪、水生昆虫、虾、蟹、蚂蟥、水绵、寄生虫、致病菌以及一些根浅茎软的水生植物。此外，用生石灰清塘后，还可以保持池水氢离子浓度的稳定，使池水保持微碱性；可以改良池塘土质，释放出被淤泥吸附的氮、磷、钾等营养盐类，增加水的肥度；生石灰中的钙本身是动植物不可缺少的营养元素，施用生石灰还能起施肥的作用。

生石灰清塘的技术关键是所采用的石灰必须是块灰。只有块灰才是氧化钙，才称生石灰；而粉灰是生石灰已潮解后与空气中的二氧化碳结合形成的碳酸钙，称熟石灰，不能作为清塘药物。

2. 茶粕清塘。茶粕又称茶籽饼，是油茶的种子经过榨油后所剩下的渣滓，压成圆饼状。茶粕含皂角苷 7%～8%，它是一种溶血性毒素，可使动物的红细胞分解。茶粕清塘能杀灭野杂鱼、蛙卵、蝌蚪、螺蛳、蚂蟥和一部分水生昆虫，但对细菌没有杀灭作用，而且施用后，即为有机肥料，能促进池中浮游生物繁殖。必须强调指出，用茶粕清塘，以杀灭鱼类的浓度无法杀灭池中的虾、蟹类。这是因为虾、蟹体内血液透明无色，运载氧气的血细胞不呈红色（称蓝血球），茶粕清塘常用的浓度不能使其分解。所以生产上有"茶粕清塘，虾、蟹越清越多"之说。

使用方法是将茶粕敲成小块，放在容器中用水浸泡，在水温25℃左右浸泡一昼夜即可使用。施用时再加水，均匀全池泼洒。每亩*池塘水深20厘米用量为26千克，水深1米用量为35～45千克。上述用量可视塘内野杂鱼的种类而增减，对不钻泥的鱼类用量可少些，反之则多些。

3. 漂白粉清塘。漂白粉一般含有效氯30%，遇水分解释放出次氯酸。次氯酸立即释放出新生态氧，它有强烈的杀菌和杀死敌害生物的作用。其杀灭敌害生物的效果同生石灰。对于盐碱地鱼池，用漂白粉清塘不会增加池塘的碱性，因此往往以漂白粉代替生石灰作为清塘药物。

使用方法是先计算池水体积，每立方米池水用20克漂白粉。将漂白粉加水溶解后，立即全池泼洒。漂白粉加水后放出初生态氧，挥发、腐蚀性强，并能与金属起作用。因此操作人员应戴口罩，用非金属容器盛放，在上风处泼洒药液，并防止衣服沾染而被腐蚀。此外，漂白粉全池泼洒后，需用船晃或桨划拨动池水，使药物迅速在水中均匀分布，以加强清塘效果。

漂白粉受潮易分解失效，受阳光照射也会分解，故漂白粉必须盛放在密闭塑料袋内或陶器内，存放于冷暗干燥处。否则漂白粉潮解，其有效氯含量大大下降，影响清塘效果。目前市场上生产漂粉精、三氯异氰尿酸等药物来代替漂白粉。漂粉精即为纯次氯酸钙，含有效氯60%～70%，其性质比漂白粉稳定，清塘浓度为10毫克/升。三氯异氰尿酸为氯胺化合物，具氯亚胺基，水解则生成次氯酸，故有杀菌作

＊ 亩为非法定计量单位，15亩＝1公顷。全书同。

用，含有效氯 85％～90％，稳定性好，吸湿性弱，敞口存放半年，其有效氯损失还不到 10％。作为清塘药物使用其浓度为 7 毫克/升。

4. 氨水清塘。氨水呈强碱性。高浓度的氨水能毒杀鱼类和水生昆虫等。清塘时，水深 10 厘米，每亩池塘用氨水 50 千克。用时需加几倍干塘泥搅拌均匀后全池泼洒。加干塘泥的目的是减少氨水挥发。氨水也是良好的肥料，清塘加水后，容易使池水中浮游植物大量繁殖，消耗水中游离二氧化碳，使池水 pH 上升，从而增加水中分子态氨的浓度，容易引起鱼苗中毒死亡。故清塘后，最好再施一些农家肥，培养浮游动物，借以抑制浮游植物的过度繁殖，避免发生死鱼事故。

！温馨提示

使用药物清塘一般需经 7～10 天药性消失。药性消失后方可放养鱼苗。漂白粉类药物清塘后药性消失较快，约 5 天后可放养鱼苗。

■ 池塘施肥技术

（一）施肥前的准备

1. 清除水草。池塘中如水草生长过多，必须预先加以清除，然后才能施肥。因为水草会同浮游植物争夺肥料养分，浮游植物就不易繁殖起来，其他饵料生物也繁殖不好。

2. 调整池塘底质和水质。池塘的底质和水质应是中性或弱碱性，水的硬度需较高。如底质、水质呈酸性，水的硬度很低，必须先用石灰处理，否则鱼类饵料生物的生长受抑制，即使施肥也没有效果。

一般底质经石灰处理，池塘灌水后池水会呈中性或微碱性，不必另加石灰处理。如果底质淤泥过多，其中大量有机质在溶解氧不足条件下进行嫌氧分解，产生较多的有机酸等还原性物质，使水质恶化，酸性增加，则需用石灰处理。一般每亩池塘泼洒 10～15 千克生石灰溶化的石灰水即可（注意不能使池水 pH 超过 9）。

（二）农家肥施用技术

农家肥是池塘施用的主要肥料，在苗种培育和成鱼饲养阶段均大量使用，对提高苗种体质和池塘鱼产量有很大作用。

1. 施肥数量和方法。施肥的方式分施基肥和施追肥两种。基肥在鱼类放养前施放，施肥数量大，一次性施足。一般家畜粪肥（半干）每亩池塘用量 500～1 000 千克，但视池塘肥瘦、肥料种类与浓度以及饲养鱼的种类而异。老池淤泥多，底质肥用量要少，甚至可以不施；新池无淤泥，底质瘦，施肥要比老池多一倍以上。人粪用量可较畜粪减少，禽粪较畜粪减少 1/2 以上，绿肥适当减少。饲养鲢鱼、鳙鱼、鲮鱼、罗非鱼等较多的池塘需多施，以养草鱼、青鱼、鲤鱼等为主的则少施。基肥应早施，一般于冬季池塘排水清整后，将粪肥均匀撒布于池底或积水区边缘，经曝晒数天，使有机质适当分解矿化，翻动肥料再晒数天即可向池塘注水。也可在池塘注水后施基肥，在放鱼前 10～15 天将肥料分成小堆，施于浅水区，任其自行腐烂分解，让肥分扩散于水中。绿肥一般在注水后施放，分堆于沿岸浅水处，隔数天翻动一次，促使肥料腐烂分解，最后把不易腐烂的残渣捞出池外。

施追肥在放鱼后进行，掌握少量多次的原则，使池水经常保持一定的肥度，浮游生物长盛不衰。施肥数量随水温和养鱼方式等而异。对于以投喂人工饵料为主的高产塘，4～6 月份每月每亩池塘施 300～400 千克，7～8 月份高温季节一般不施农家肥，9～10 月份每月每亩池塘施 200～300 千克。

对于投饵量较少、以施肥为主的池塘，施肥量要适当增加，而且 7～8 月份也不停施。施肥的方法是，绿肥采用堆施，粪便也可分小堆施放，或兑水后均匀泼洒于水面。堆施法每 7～10 天 1 次，泼洒法每 2～3 天 1 次，均匀使用全月的定额。总之，施肥的标准要求是使池水保持"肥、活、嫩、爽"，透明度在 25～35 厘米。

"肥"就是水色较浓，浮游生物数量较多，水中有机质也较多，一般要求浮游植物量为 30～50 毫克/升，而且是容易消化的鞭毛藻类占优势，有机物耗氧量在 15 毫克/升上下。

"活"是指水色随光照和时间不同而常有变化，表明浮游植物种群处于繁殖盛期，也是游动较快、具有显著趋光性的鞭毛藻类占优势的表现。

"嫩"是指水色肥而不老，表示容易消化的藻类多，大部分藻体细胞未衰老。

"爽"表示水质清爽，混浊度小，透明度适中，水中溶氧量较高。

要达到上述水质的要求，除了注意施肥的技术外，还要很好地配合池塘注水。因为池塘经过一段时间施肥后，水中容易消化的浮游植物数量减少，各种生物排泄的废物增多，使水质趋于恶化，溶氧量降低，因此必须定期注入溶氧量较高的新水，排出池塘老水，以改善水质，使池水保持"肥、活、嫩、爽"。

2. 施肥注意事项。施用农家肥必须注意其对池塘溶氧量的影响。农家肥是池塘施用的重要肥料，其肥效较高，但施用后其中的大量有机质又是池塘溶解氧的主要消耗者。为了较好地解决这一问题，在施肥中须注意做到以下几点：

第一，掌握适当的施肥量，不能一次施肥过多，做到少量勤施。施绿肥时将肥料直接堆入水中，耗氧量大，尤其需要控制施肥量，一般每亩池塘每次堆施以 100～150 千克（追肥）为宜。

第二，肥料应先经过腐熟发酵，然后施用，避免直接施放生鲜粪肥。绿肥也最好沤烂后使用。农家肥经腐熟发酵后，分解成较简单的有机质和无机盐类，施入池中后就可减少耗氧量。

第三，定期和适时地向池塘注入新水，排出老水，以更新水质。

（三）化肥施用技术

1. 施肥数量和方法。浮游植物是按比例吸收水中各种营养盐类的，因此化肥一般宜采取多种成分的肥料混合使用。以氮和磷来讲，浮游植物的繁殖要求水中具有一定的氮、磷比，如果其中的一种元素达不到浮游植物的需求量，就会成为限制浮游植物繁殖的因子，另一种元素的含量不管有多高，其超过比例的部分也不能被浮游植物所利用。因此，鱼池施化肥时，最好氮肥、磷肥配合使用，并需有一定的配比和定额，以适合浮游植物繁殖的需要。据一般经验，施氮肥的浓度为 1.0～1.5 毫克/升氮（即每立方米水体 1.0～1.5 克氮），施磷肥以氮：磷（五氧化二磷）＝1：0.5 为宜，即氮肥浓度为 1 毫克/升氮时，则磷肥浓度为 0.5 毫克/升磷（五氧化二磷）。如还需施钾肥，钾（氧化钾）的浓度为磷（五氧化二磷）的 1/2。具体用肥量，按照肥料氮、磷（五氧化二磷）、钾（氧化钾）的含量来计算。例如氮肥用硫酸铵（含氮 20％），磷肥用过磷酸钙［含磷（五氧化二磷）17％］，钾肥用硫酸钾［含钾（氧化钾）50％］。池塘平均水深为 1.5 米，则每亩氮、磷、钾肥的用量计算如下：每亩池塘水体为 666.67 米²×1.5 米＝1 000 米³；硫酸铵用量为 1 克/米³×1 000 米³÷20％＝5 000克；过磷酸钙用量为 0.5 克/米³×1 000 米³÷17％＝2 941 克；硫酸钾用量为 0.25 克/米³×1 000 米³÷50％＝500 克。

实际使用时肥料的用量，还需视池塘条件，水中原有氮、磷、钾的含量以及施肥水平的高低等而有所变动。如老池施肥量可少些，氮、磷比也可小些；新池则相反。缺磷和施肥水平较低的池塘，氮、磷比可小些，施肥量可低些。一般精养池塘夏季往往缺磷，而含氮量则较高，这时应多施磷肥，少施或不施氮肥。据测定，江苏省无锡市精养鱼池在夏、秋季鱼类主要生长季节，水中有效磷的含量很低，一般在 0.01 毫克/升以下，而有效氮则有 0.5～2.0 毫克/升，最高达 4毫克/升。水中氮、磷比严重失调，一般为（300～500）：1，其氮量已足够有余，而磷则明显成为浮游植物生长的限制因子。经施用磷肥"鱼特灵"［含磷（五氧化二磷）］20～50 毫克/升后，17 天内池水磷的含量比施肥前增高 1.3 倍，氮、磷比降至比较适宜的水平（40：1上下），浮游生物量增长近 1 倍，其中容易消化的藻类明显增长。由此证明，在上述情况下，单施磷肥是有效的。

池塘施化肥每年（一个生长期）的总用量为每亩施氮肥 12～24

千克氮，合硫酸铵 60～120 千克；磷肥 6～12 千克磷（五氧化二磷），合过磷酸钙 40～80 千克；实际施肥量也随具体条件而有所不同。施肥的间隔天数原则上尽量做到少量多次，尤其水温较高时要如此，一般每 3～5 天或 7～8 天施肥 1 次。

施化肥的方法较简便，固体肥先加水溶化，液体肥加水稀释，然后均匀泼洒水面，或采用机械喷施。施肥时间以晴天上午为好，这时氢离子浓度较高，水温较低，氨的挥发和磷的沉淀作用均较弱，铵态氮肥的毒性也较小。

2. 施肥注意事项。在施化肥中须注意做到以下几点：

第一，施铵态氮肥时要根据池水的 pH 和温度等有关条件控制施肥量，使施肥后水中非离子氨不致达到对鱼有害的浓度。对温水性鱼类来讲，一般要求水中非离子氨的含量不要超过 0.1 毫克氮/升。

第二，含不同肥分的各种肥料以混合施用效果较好，但根据肥料性质，有些肥料不可混合施用，以免相互作用而造成养分的损失和降低肥效。磷肥和石灰不能同时施用，而且分开施用所间隔的时间至少要在 7 天以上。

第三，阴雨天以及雨后水浑时，光线不足，水中胶粒多，施肥效果不好，应停止施肥。

第四，固体肥料不能直接撒入水中，以免肥分大部分沉淀和被底泥中的胶粒吸附，而造成肥料的浪费。必须先加水溶化后再泼洒。

（四）农家肥与化肥配合施用技术

农家肥与化肥各有优缺点，两类肥料同时使用或交替使用，可以充分发挥两类肥料的优点，又相互弥补了缺点，效果更好。例如农家肥在池塘中分解需消耗大量氧，施肥不当容易造成缺氧死鱼；而化肥则能促进浮游植物迅速地大量繁殖，浮游植物进行光合作用放出大量的氧，使池塘溶氧量得到提高。生产单位的实践均证明，施化肥的池塘，施肥后溶解氧大幅度提高，池鱼不发生"浮头"现象。

农家肥所含营养成分较全面，肥效较持久。相反，化肥养分单一，不全面，肥效不够持久。单施化肥往往会因碳源不足而限制浮游植物的繁殖，施农家肥则可弥补这方面的缺点。施农家肥容易污染水质，引起鱼病发生；而施化肥则水质条件较好，鱼病相对较少。农家肥和化肥配合使用的原则是：一般基肥宜用农家肥，追肥用化肥；老池底质含有机质多，宜多用化肥，新池则多用农家肥，以使池底较快地形成一层淤泥，有利于池水变肥；追肥可两类肥料交替使用或混合使用。

2 工厂化养殖前期准备

■ 主要设备检查

（一）进、排水系统检查

进、排水系统决定着养殖期间水体是否能够正常交换，在养殖生产开始前要仔细检查是否有渗漏、阀门是否能正常工作和管道是否有堵塞现象的存在。条件允许时，应注水检查，发现问题及时解决。

（二）拦鱼设备检查

拦鱼设备就是指防止鱼类从鱼池中逃出的阻拦设施，主要是指滤网，通常是金属网片或栅箔式设备。重点查看进水口、排水口处相应拦鱼设备是否有松动、破损及其网径规格能否起到有效的拦鱼作用。

■ 养殖池塘和工具的消毒

（一）养殖池塘消毒

养殖池塘消毒应与池塘冲刷结合进行。操作时，预先注入适量清水，放入消毒药物高锰酸钾（60～80毫克/升）或漂白粉、生石灰等，使用海绵或排刷对池底、池壁进行彻底洗刷后，注入新水冲洗干净即可。

（二）养殖工具消毒

虹吸管、手抄网和排刷等养殖工具需要定期进行消毒，消毒方法以药物浸浴为主，使用消毒药物同池塘消毒，浓度可适当增加，相应工具使用前需用清水冲净。

❑ 水处理系统的调试

工厂化养殖场依据实际生产需要可能会配有曝气池、沉淀池和生物滤池等水处理设施，在生产开始前需要对相应的水处理设施进行维护与检查，以确定相应设备能够正常运行。

具体操作时，可通水运行，通过监测出水水量、水质等数据，掌握水处理系统的运行状态，发现问题及时查明原因并予以解决。

3 网箱养殖前期准备

❑ 网箱设置地点的确定

网箱养殖淡水鱼，密度高，要求设置地点的水深合适、水质良好、管理方便。这些条件的好坏会直接影响网箱养殖的效果，在选择网箱设置地点时，都必须认真加以考虑。

（一）周围环境

要求设置地点的承雨面积不大，应选在避风、向阳处，阳光充足，水质清新、风浪不大、比较安静、无污染、水量交换量适中、有微流水，周围开阔，没有水老鼠，附近没有有毒物质污染源，同时要避开航道、坝前、闸口等水域。

（二）水域环境

水域底部平坦，淤泥和腐殖质较少，没有水草，深浅适中，常年水位保持在 2～6 米，水域要宽阔，水位相对要稳定，水流畅通，长年有微流水，流速 0.05～0.20 米/秒。也可在 20 亩以上的池塘和水库安放网箱养殖淡水鱼。

（三）水质条件

养殖水温变化幅度在 18～32℃为宜。水质要清新、无污染。溶解氧在 5 毫克/升以上，其他水质指标完全符合《渔业水质标准》（GB 11607—1989）。

（四）管理条件

要求离岸较近，电力通达，水路、陆路交通方便。

■ 养殖网箱规格的确定

（一）网箱大小的确定

箱体面积一般为 5～30 米^2，主养草食性鱼类可适当增大至 60 米^2。依据放养对象规格大小可分为一级、二级、三级和四级网箱，一级和二级网箱的规格为 2 米×1.5 米×1.5 米或 3 米×2 米×2 米，适用于 3～8 厘米鱼类养殖；三级网箱的规格为 4 米×4 米×2 米或 4 米×5 米×2 米或 5 米×5 米×2.5 米等几种，适用于体长 8～10 厘米鱼类养殖；四级网箱面积为 30 米^2 以上，适用于体长大于 10 厘米以上鱼类养殖。

（二）网目大小的确定

网箱网目大小依据养殖对象来确定，以达到节省材料和满足网箱水体交换的目的。网目过小，不仅使网箱成本增加，而且影响水流交换更新；网目过大，又出现逃鱼现象。通常放养 4 厘米夏花鱼种，用网目 1.1 厘米的网箱；放养 11～13 厘米的 1 龄鱼种，用网目 2.5～3.0 厘米的网箱；养成鱼的网箱，用 3～5 厘米网目的网箱。为了使水体交换通畅，减少网箱冲刷次数，最好随鱼种的长大，转换较大网目的网箱。网目大小的确定，常规鱼类可参照关系式 $a=0.13L$。式中，a 为网目单脚的长度，L 为养殖鱼的全长。

鱼种放养数量的确定

放养密度应结合水质条件、水流状况、溶氧量高低、网箱的架设位置、饲料的配方以及加工技术等进行综合考虑，一般放养 100～150 克规格的鱼种。放养密度应根据鱼体大小而定，一般 3～5 厘米的幼鱼放 300～500 尾/米³。100～150 克的 2 龄鱼种放养 160～250 尾/米³。

放养密度还应根据水质状况而定。水体透明度不小于 80 厘米的养殖水域，单位体积的产量可设计为 200 千克/米³；水体透明度大于 100 厘米的养殖水域，单位体积的产量可设计为 300 千克/米³。放养密度可按以下公式计算：

放养密度＝每立方米水体设计产量÷收获时个体重

如果第一次进行小网箱养鱼，建议放养量以收获时每立方米达到 300 千克计算，若收获时鱼的平均尾重达到 1 500 克，那么：

放养密度＝300 千克/米³÷1.5 千克/尾＝200 尾/米³。

一般地，在放养后的 7～10 天内，鱼种有 1%～2% 的死亡率。但是，如果鱼种的健康状况良好，而且操作仔细，鱼种的成活率可以达到 100%。

淡水鱼的网箱饲养，目前常采用四级放养：第一级从 3 厘米养到 5 厘米左右，第二级从 5 厘米饲养至 8 厘米，第三级从 8 厘米左右饲养至 10 厘米，第四级 10 厘米养至成鱼上市。第一级放养密度为 2 000～3 000 尾/米³，第二级为 1 500～2 000 尾/米³，第三级 500～600 尾/米³，第四级放养密度通常为 350～450 尾/米³。

网箱的安置方式

网箱有浮动式和固定式各两种，即敞口浮动式和封闭浮动式、敞口固定式和封闭固定式。目前最广泛采用的是敞口浮动式网箱。各种水域应根据当地特点，因地制宜地选用适宜规格的网箱，并安置在流速为 0.05～0.20 米/秒的水域中。敞口浮动式网箱，必须在框架四周加上防逃网。敞口固定式的水上部分应高出水面0.8米左右，以防逃鱼。所有网箱的安置均要牢固成形。网箱设置时，先将四根毛竹插入泥中，然后网箱四角用绳索固定在毛竹上。四角用绳索拴好的石块做沉子，沉入水底，调整绳索的长短，使网箱固定在一定深度的水中，可以升降，调节深浅，以防被风浪水流将网箱冲走，确保网箱养鱼的安全。网箱放置深度，根据季节、天气、水温而定；春、秋季可放到水深30～50厘米，7、8、9月份3个月天气热，气温高，水温也高，可放到60～80厘米深。

网箱设置时既要保证网箱能有充分交换水的条件，又要保证投饵等管理操作方便。常见的是串联式网箱设置和双列式网箱设置，网箱地点应选择在上游浅水区。设置区的水深最少在2.5米以上。对于新开发的水域，网箱的排列不能过密。在水体较开阔的水域，网箱排列的方式可采用"品"字形、梅花形或"人"字形，网箱的间距应保持3～5米。串联网箱每组5个，两组间距5米左右，以避免相互影响。对于一些以蓄、排洪为主的水域，网箱排列以整行、整列布置为宜，以不影响行洪流速与流量。

安装时把箱体连同框架、锚石等部件，一并运到设箱区，入水时先下框架，然后缚好锚绳、下锚石，固定框架，再把网箱与框架扎牢。网箱的盖网最好撑离水面，这样盖网离水，可达到有浪则湿，无浪则干，干湿交替，水生藻类无法固定生长，保持网箱表面与空气良好的接触状态。如网箱盖网不撑离水面，则要定期进行冲洗。

⚠ 温馨提示

网箱养殖的其他前期准备

1. 饲料储备。鱼种进箱后1～2天内就要投喂，因此，饲料要事先准备好。饲料要根据鱼进箱的规格进行准备，如果进箱规格小，未经驯食或驯食不好，应准备新鲜的动物性饲料。反之，进箱规格大，已经驯食，应准备相应规格的人工颗粒饲料。

2. 网箱到位。应根据进箱的鱼种规格准备相应规格的网箱。如果进箱规格为 5 厘米，应准备好三级网箱，8 厘米进箱应准备二级网箱，10 厘米以上准备一级网箱。

3. 安全检查。网箱在下水前及下水后，应对网体进行严格的检查，如果发现有破损、漏洞，马上进行修补，确保网箱的安全。

参考文献

戈贤平 . 2012 . 大宗淡水鱼安全生产技术指南 . 北京：中国农业出版社.

江苏省淡水水产研究所 . 2011 . 网箱养殖一月通 . 北京：中国农业大学出版社.

雷慧僧，薛镇宇，王武 . 2006 . 池塘养鱼新技术 . 北京：金盾出版社.

李林春 . 2008 . 水产养殖操作技能 . 北京：高等教育出版社.

刘焕亮 . 2000 . 水产养殖学概论 . 青岛：青岛出版社.

申玉春 . 2008 . 鱼类增养殖学 . 北京：中国农业出版社.

王武 . 2000 . 鱼类增养殖学 . 北京：中国农业出版社.

叶元土，陈昌齐 . 2007 . 水产集约化健康养殖技术 . 北京：中国农业出版社.

占家智，羊茜 . 2012 . 淡水鱼高效养殖技术 . 北京：化学工业出版社.

张根玉，薛镇宇 . 2009 . 淡水养鱼高产新技术 . 北京：金盾出版社.

单元自测

1. 如何进行养殖池塘的清整？

2. 施肥应注意哪些事项？

3. 如何选择网箱安置水域？

4. 如何依据养殖鱼类大小确定网箱和网片网目规格？

技能训练指导

施用生石灰清塘

（一）目的和要求

掌握使用生石灰清塘的两种方法，清塘操作正确。

（二）材料和工具

生石灰若干、铁耙等。

（三）实训方法

1. 干法清塘。将池塘中的水基本排干，池中积水 6～10 厘米即可。在塘底挖若干个小坑，将生石灰分别放入小坑中加水溶化，不待冷却即向池中均匀泼洒。生石灰用量，一般每亩池塘为 60～75 千克，淤泥较少的池塘每亩用 50～60 千克。清塘后第二天用铁耙耙动塘泥，使石灰浆与淤泥充分混合。

2. 带水清塘。不排出池塘中的水，将刚溶化的石灰浆全池泼洒于池内。生石灰用量为每亩平均水深 1 米用 125～150 千克。

学习笔记

苗种培育和放养

1 苗种培育

🔲 鱼苗培育

（一）室外池塘鱼苗培育

鱼苗培育阶段，常见养殖鱼类主要以浮游动物为食。因此培育的方法一般以施有机肥料为主，同时补充投喂人工饵料。按照施肥种类的不同，鱼苗培育有以下几种方法。

1. 大草培育法。 该法是广东、广西地区传统的鱼苗培育方法。大草泛指无毒而茎叶较柔嫩的植物，包括菜类和栽培的草类等，都可作为大草用来肥水，培养浮游生物。其具体操作是每亩投放大草200～400千克，分别堆放于池边浸没于水中，腐烂后培养浮游生物，待草料腐烂分解，水色渐呈褐绿色，每隔1～2天翻动一次草堆，促使养分向池中央水中扩散。7～10天后将不易腐烂的残渣捞出，放苗。鱼苗下塘后，每隔5天左右投放大草做追肥，每次150～200千克。投草量一般根据培育鱼苗的种类来定，肥水性鱼类，草量可大些，如培育鲢、鳙等；而培育草鱼鱼苗的池塘，投草量可少些。如发现鱼苗生长缓慢，可增投精饲料。该方法的优点有：肥料来源广，成本较低，操作简便，肥水的作用较强，浮游生物繁殖多。缺点是：追肥时一次投放量和相隔时间仍较多较长，导致浮游生物繁殖的数量不均衡，水质肥度不够稳定，并降低了水中的溶氧量。

2. 有机肥料与豆浆混合饲养法。根据鱼苗在不同发育阶段对饲料的不同要求，可将鱼苗的生长划分为四个阶段进行强化培育。

（1）摄食轮虫阶段。此阶段为鱼苗下塘 1～5 天。经 5 天培养后，要求鱼苗从全长 7～9 毫米生长至 10～11 毫米。此期鱼苗主要以轮虫为食。为维持池内轮虫数量，鱼苗下塘当天就应泼豆浆（通常水温 20℃，黄豆需浸泡 8～10 小时。一般每 3 千克干黄豆可磨浆 50 千克。每天上午、中午、下午各泼一次，每次每亩泼 15～17 千克豆浆（约需 1 千克干黄豆）。豆浆要泼得"细如雾，匀如雨"，全池泼洒，以延长豆浆颗粒在水中的悬浮时间。豆浆一部分供鱼苗摄食，一部分培育浮游动物。

（2）摄食水蚤阶段。这一阶段为鱼苗下塘后 6～10 天。生长 10 天后，要求鱼苗从全长 10～11 毫米生长至 16～18 毫米。此期鱼苗主要以水蚤等枝角类为食。每天需泼豆浆 2 次（08：00～09：00、13：00～14：00），每次每亩豆浆数量可增加到 30～40 千克。在此期间，选择晴天上午追施一次腐熟粪肥，每亩 100～150 千克，全池泼洒，以培养大型浮游动物。

（3）投喂精饲料阶段。此阶段为鱼苗下塘后的 11～15 天。生长 15 天后，要求鱼苗从全长 16～18 毫米生长至 26～28 毫米。此阶段水中大型浮游动物已剩下不多，不能满足鱼苗生长需要，鱼苗的食性已发生明显转化，开始在池边浅水觅食。此时应改喂豆饼糊或磨细的精饲料，每天每亩合干豆饼 1.5～2.0 千克。投喂时，应将精饲料堆放在离水面 20～30 厘米的浅滩处供鱼苗摄食。如果此阶段缺乏饲料，成群鱼苗会集中到池边寻食。时间一长，鱼苗则围绕池边成群狂游，驱赶也不散，呈跑马状，故称"跑马病"。因此，这一阶段必须投以数量充足的精饲料，以满足鱼苗生长需要。此外，饲养鲢鱼、鳙鱼苗，还应追施一次有机肥料，施肥量和施肥方法同水蚤阶段。

（4）拉网锻炼阶段。鱼苗下塘 16～20 天。生长 20 天后，鱼苗从全长 26～28 毫米生长至 31～34 毫米。此期鱼苗已达到夏花规格，需拉网锻炼，以适应高温季节出塘分养的需要。此时豆饼糊的数量需进一步增加，每天每亩的投喂量合干豆饼 2.5～3.0 千克。此外，池水也应加到最高水位。草鱼、团头鲂发塘池每天每万尾夏花投嫩鲜草10～15 千克。

3. **肉食性鱼苗培育。**肉食性鱼类鱼苗下塘初期主要以轮虫、小型枝角类等浮游动物为食，在鱼苗下塘前需培育轮虫并达到 8 个/毫升以上。鱼苗下塘后 5～6 天，开始每天投喂贝类肉浆 2～3 次，之后逐渐增加。鱼苗下塘 16～20 天，每天投喂冰冻或新鲜杂鱼肉糜 3～4次，投喂前先用清水冲洗干净，再搅成肉糜，日投喂量为鱼体重的10%～15%。随鱼苗生长，饵料逐渐由鱼糜转为人工配合饲料。

鳜鱼苗因其仅摄食活饵，培育方法与其他肉食性鱼类略有区别，主要以其他鱼苗作为饵料。投喂方法可参考表 4-1 进行。

表 4-1　鳜鱼苗的饵料鱼规格与日投喂量

鳜鱼苗规格（厘米）	饵料鱼规格（厘米）	日投喂量（尾）
0.5～1.0	0.4～0.6	2～5
1.0～1.7	0.7～1.0	8～12
1.7～3.4	1.0～1.2	5～8
3.4～6.6	1.6～2.1	5～8
6.6～10.0	3.4～6.7	4～6

4. 日常管理。

（1）分期注水。鱼苗初下塘时池塘水深为 50～60 厘米，以后每隔 3～5 天注水一次，每次注水 10～20 厘米。培育期间共加水 3～4次，最后加至最高水位。

分期注水的优点：①水温提高快，促进鱼苗生长。鱼苗下塘时保持浅水，水温提高快，可加速有机肥料的分解，有利于天然饵料的繁殖和鱼苗的生长。②节约饲料和肥料。水浅池水体积小，豆浆和其他肥料的投放量相应减少，这就节约了饲料和肥料的用量。③容易控制水质。可根据鱼苗的生长和池塘水质情况，适当添加一些新水，以提高水位和水的透明度，增加水中溶氧量，改善水质和增大鱼类活动空间，促进浮游生物的繁殖和鱼体生长。

> **⚠ 温馨提示**
>
> 分期注水注意事项
>
> 第一，注水时必须在注水口用密网拦阻，以防止野杂鱼和其他敌害随水进入池中。
>
> 第二，注水时注意不让水流冲起池底淤泥搅浑池水。

（2）巡塘。鱼苗培育期间的重要管理工作是巡塘。巡塘的内容是观察鱼的活动情况、水色、水质变化情况，目的是发现问题及时采取相应措施。巡塘要做到"三查"和"三勤"，即查鱼苗是否"浮头"，查鱼苗活动，查鱼苗池水质、投饵情况；做到勤除敌害、勤清杂草、勤做日常管理记录。此外还应经常检查有无鱼病，及时进行病害防治。

5. 鱼体拉网锻炼。鱼苗经 16～18 天饲养，长到 3 厘米左右，体重增加了几十倍至 100 多倍，它就要求有更大的活动范围。同时鱼池的水质和营养条件已不能满足鱼种生长的要求，因此必须分塘稀养。其中有的鱼种还要运输到外单位甚至长途运输。但此时正值夏季，水温高，鱼种新陈代谢强，活动剧烈。而夏花鱼种体质又十分嫩弱，对缺氧等不良环境的适应能力差。为此，夏花鱼种在出塘分养前必须进行 2～3 次拉网锻炼。

（1）拉网锻炼的作用。①拉网使鱼受惊，运动量增大，组织中的水分含量降低，肌肉较结实，体质较健壮，经得起分池操作和运输中的颠簸。②幼鱼密集在一起，相互受到挤压刺激促使鱼体分泌大量黏液和排出肠道内的粪便，减少运输中黏液和粪便的排出量，有利于保持水质，提高运输成活率。③在密集过程中，增加鱼对缺氧的适应能力。④拉网锻炼可以发现并淘汰病弱苗，去除野杂鱼和敌害生物。⑤可粗略估计鱼数，便于下一步工作的安排。

（2）拉网锻炼的工具和网具。拉网锻炼的工具、网具主要有夏花网、谷池、鱼筛等（图4-1）。这些工具、网具的好坏直接关系到鱼苗成活率和劳动生产率的高低，也体现了养鱼的技术水平。①夏花网。用于夏花锻炼、出塘分类。网由上纲、下纲和网衣三部分组成。网长为鱼池宽度的1.5倍，网高为水深的2～3倍。拉网起网速度要缓慢，避免鱼体贴网而受伤。②谷池。为一长方形网箱，用于夏花鱼种囤养锻炼、筛鱼清野和分类。网箱口呈长方形，箱高0.8米，宽0.8米，长5～9米。谷池的网箱网片同夏花网片，网箱四周有网绳。用时将10余根小竹竿插在池两侧（网箱四角的竹竿略微粗大），就地装网即成。③鱼筛。用于分开不同大小、不同规格的鱼种，或将野杂鱼与"家鱼"分开，可分筛出不同体长的鱼种。鱼筛有半球形的和正方体形两种，一般使用半球形鱼筛。

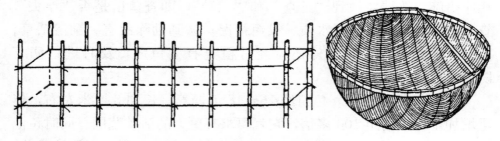

图4-1 谷池（左）和鱼筛（右）

（3）拉网锻炼的方法。拉网锻炼一般在晴天的09：00左右进行。夏花鱼种出售或分池前必须进行2～3次拉网锻炼（图4-2）。

第一次拉网将夏花围集网中，提起网衣，使鱼在半离水状态密集10～20秒，检查鱼的体质后，放回原池。由于此时鱼十分嫩弱、体质差，拉网时操作必须十分小心，拉网速度要慢些，与鱼的游泳速度相一致，并且在网后用手向网前撩水，促使鱼向网前进方向游动，否则鱼体容易贴到网上。

如夏花活动正常，隔天拉第二网，首先将鱼苗集中在谷池后将鱼群逐渐赶集于谷池的一端，然后清除另一端网箱底部的粪便和污物，

图 4-2　鱼苗拉网锻炼操作示意

不让黏液和污物堵塞网孔，将其放入鱼筛，将蝌蚪、野杂鱼等筛出。经过这样处理后，谷池内水质清新，箱内外水流通畅，溶氧量较高。最后移入网箱中，使鱼在网箱内密集，经 2 小时左右放回池中。在密集的时间内，须使网箱在水中移动，并向箱内撩水，以免鱼"浮头"。

　　若要长途运输，隔一天应进行第三次拉网锻炼。

　　（4）夏花鱼种的计数。通常采用杯量法，量杯选用 250 毫升的直筒杯（图 4-3），杯为锡、铝或塑料制成，杯底留有若干个小孔。计数时，用夏花捞海捞取夏花鱼种迅速装满量杯，立即倒入空网箱内。任意抽查一杯计算夏花鱼种数量，根据倒入鱼池的总杯数和每杯鱼种数推算出全部夏花鱼种的总数。

图 4-3　鱼苗计数量杯

　　（5）拉网锻炼注意事项。①拉网前要清除池中水草和青苔，以免妨碍拉网或损伤鱼体。②污泥多且水浅的池塘，拉网前要加注新水。③鱼"浮头"当天或得病期间，或天气闷热、水质不良以及当天喂过的鱼都不应拉网。④拉网要缓慢，操作要小心，不能急于求成，如发现鱼"浮头"、贴网严重或其他异常情况，应立即停止操作，把鱼放回鱼池。

（二）室内水泥池鱼苗培育

1. 鱼池条件。 面积 3～5 米²，注水深度 30～40 厘米，池形以圆形、六边形或八角形为好，便于水体交换，池壁光滑。

2. 放养密度。 室内水泥池鱼苗培育放养密度与鱼的种类、摄食习性、饵料保证、出塘规格及培育技术等多种因素有关。一般来说，同种鱼苗，饲养期短、出塘规格要求大，放养密度低，反之则高；相近条件下，培育技术实施合理，放养密度可适当增加，反之则低；肉食性鱼类相互残杀能力强，在鱼苗培育过程中，会出现鱼苗规格参差不齐，因此，应增加分苗次数，以提高成活率。虹鳟鱼苗室内培育放养密度见表 4-2。

表 4-2 虹鳟稚鱼放养密度

稚鱼规格（克）	面积（米²）	密度（尾/米³）	注水量（升/秒）			
			5℃	10℃	15℃	20℃
1	60	1 600	1	2	3	6
2	80	1 200	2	3	6	14
5	106	1 000	3	7	14	24
10	125	800	7	15	26	44
15	160	625	9	22	39	65
20	170	588	12	29	52	87
25	200	500	15	35	62	108
30	205	488	17	37	70	115

3. 养殖管理。

（1）投饵。为保证苗种正常摄食，在培育初期应适当增加投饵量，以每次投饵摄食后略有剩余为度。在开口初期应适当增加投饵次数，缩短两次投饵之间的时间间隔，以上措施都可以显著提高鱼苗的成活率。虹鳟鱼苗不同发育阶段投喂次数、饲料形状和粒径变化见表 4-3。

表 4-3 虹鳟鱼苗发育阶段与投喂次数变化

稚鱼平均规格		日投饵次数	饲料形状	粒径（毫米）
体重（克）	体长（厘米）			
<0.2	<2.5	6	碎粒	<0.5
0.2~0.5	2.5~3.5	6	碎粒	0.5~0.9
0.5~2.5	3.5~6.0	4	碎粒	0.9~1.5
2.5~12.0	6~10	3	颗粒	1.5~2.4
12~32	10~14	2	颗粒	2.4~3.0

（2）分苗。随着鱼苗个体生长和开口情况好坏，而导致同池培育鱼苗个体出现较大差异，同时也需要更大空间满足其摄食活动需要，在培育期间每隔 10~20 天进行一次分苗，稀释放养密度的同时将个体相近鱼苗集中在一个池塘中培育，有利于鱼苗的摄食生长。

（3）清污。鱼苗培育初期，由于水体交换量小和过量投饵等原因，会导致大量有机污物在鱼苗池中堆积，需要及时清除，每天清污两次以上，以免污物在培育池中分解恶化水质，影响鱼苗的正常生长。清污方法以塑料软管虹吸为主。

▌ 鱼种培育

（一）室外池塘鱼种培育

依据鱼的种类、放养密度和使用饲料、肥料的比例不同，鱼种的饲养方法不同。目前主要有三种饲养方法，即以天然饵料为主、精饲料为辅，以颗粒饲料为主，以施肥为主。

1. 以天然饵料为主、精饲料为辅的饲养方法。

（1）饲养原则。先喂天然饵料，后喂精饲料。

（2）饲养方法。通常适用于青鱼和草鱼。青鱼的天然饵料有粉碎的螺、蚬等动物性饵料；草鱼的有芜萍、苦草、轮叶黑藻、苏丹草、黑麦草等；精饲料则包括饼粕、豆渣、酒糟、麦类、玉米等植物性人工食物。

2. 以颗粒饲料为主的饲养方法。以鲤鱼种培育为例，介绍这种饲养方法。

（1）饲料选择。鱼种阶段必须依鱼种的规格大小选择合适的饵料粒径。鲤鱼种在驯化阶段用直径 0.5 毫米饲料，1 周后用 0.8 毫米饲料，7 月份用 1.5 毫米饲料，8 月份用 2.5 毫米饲料，9 月份用 3.0 毫米饲料。如购买的硬颗粒饵料直径较大，可将硬颗粒饲料用破碎机或小钢磨（扩大间隙）破碎，用手筛筛出粒径为 0.5 毫米、0.8 毫米和 1.5 毫米的颗粒，而直径为 2.5 毫米和 3.0 毫米的颗粒饲料，可直接用硬颗粒饲料机生产。

（2）驯化。夏花下塘后能否引诱鱼种上浮集中吃食是颗粒饲料饲养鱼种的技术关键。驯食的方法是在池边上风口向阳处，向池内搭一个跳板，作为固定的投饵点，鲤鱼夏花下塘第二天开始投喂。每次投喂前在跳板上先敲铁桶（或固定发出其他声响），然后每隔 10 秒撒一小把饵料。无论吃食与否，如此坚持数天，每天投喂 4 次，一般经过 7 天的驯食能使鱼种集中上浮吃食。为了节约颗粒饲料，驯化时也可以用米糠、次面粉等漂浮性饵料投喂。通过驯化，使鱼种形成上浮争食的条件反射，不仅能最大限度地减少颗粒饲料的散失，而且促使鱼种白天基本上在池水的上层活动，由于上层水温高，溶解氧充足，能调动鱼种的食欲，提高饵料消化吸收能力，促进其生长。

（3）投饵量。根据水温和鱼体重量，及时调整投饵量。具体方法是：每隔 10 天检查鱼种的生长情况，在喂食时，捞出 10 尾鱼种，计算称重，求出平均尾重，然后计算出全池鱼种总重量。参照日投饵率（投饵量占鱼体重的百分比）就可以估算出该池当天的投饵量（表 4-4）。

表 4-4　鲤鱼种的日投饵率（%）

水温	鱼体重				
	1～5 克	5～10 克	10～30 克	30～50 克	50～100 克
15～20℃	4～7	3～6	2～4	2～3	1.5～2.5
20～25℃	6～8	5～7	4～6	3～5	2.5～4
25～30℃	8～10	7～20	6～8	5～7	4～5

（4）投饵次数。投饵次数取决于鱼种消化器官的发育特征、摄食习性以及气候和环境条件等。一般来说，夏花放养后，每天投饵2～4次，7月中旬后每天增加到4～5次，投饵时间集中在08:00～18:00。此时，水温和溶氧量均高，鱼类摄食旺盛。每次投饵时间持续20～30分钟，投饵频率不要太快。一般来说，当绝大部分鱼种吃饱游走，可以停止投饵。9月份下旬后投喂次数可减少，10月份每天投1～2次。

（5）投饵方法。为了提高饲料效率，降低饲料系数，养好鱼种，投喂饲料必须做到"四定"。

定时：投饵必须定时进行，以养成鱼类按时吃食的习惯，提高饵料的利用率。同时选择水温较适宜，溶氧量较高的时间投饵，可以提高鱼的摄食量，有利于鱼类生长。正常天气，一般在08:00～9:00和14:00～15:00投饵各1次，这时水温和溶氧量升高，鱼类食欲旺盛。在初春和秋末冬初水温较低时，一般在中午投饵1次。夏季如水温过高，下午投饵的时间应适当推迟。

定位：投饵必须有固定的位置，使鱼类集中于一定的地点吃食。这样不但可减少饵料的浪费，而且便于检查鱼的摄食情况，便于清除剩饵和进行食场消毒，保证池鱼吃食卫生，在发病季节还便于进行鱼体药物消毒，防治鱼病。具体操作是：投喂草类饵料一般用竹竿搭成三角形或方框（图4-4），将草投在框内，便于草鱼、团头鲂吃食及清理剩饵。投喂商品饲料可在水面以下30～40厘米处，用芦席或木盘（带有边框）搭成面积1～2米^{2}的食台（图4-5），将饵料投在食

图4-4 草鱼食场

台上让鱼吃食，一般每3 000～4 000尾鱼种设食台1个。也可将饵料投在池边底质较硬无淤泥的食场上（水深1米以内）。这样，投饵的范围较食台可更广些，鱼群集中吃食时不致过分拥挤，吃食较均匀，效果也较好。对青鱼投喂螺蛳等，也应投在相对固定的食场上（图4－5）。

图4－5　饵料台

定质：投喂的饵料必须新鲜，不腐烂变质，防止引起鱼病。饵料的适口性要好，适于不同种类和不同大小鱼的摄食。有条件的可制成颗粒配合饲料，以提高营养价值和减少饵料成分在水中的溶散损失。必要时在投喂前对饵料进行消毒，特别在鱼病季节要这样做。

定量：每天投饵要有一定的数量，要求做到适量和均匀，防止过多过少或忽多忽少，以提高鱼类对饵料的消化率，促进生长，减少疾病，降低饵料系数。适量投饵是投饵技术中最重要的因素。投饵过少，饵料的营养成分只能用于维持生命活动的需要，用于生长的部分很少，这样必须提高饵料系数，以便增强鱼体的生长。投饵过多，鱼类吃食过饱，会降低饵料的消化率，而且容易引起鱼病发生，降低成活率。过多的饵料鱼吃不下，不但造成饵料的浪费，还会败坏水质。每天的投饵量要按照各种具体条件如水温高低、天气状况、水质肥瘦和鱼类的摄食情况等灵活掌握。如水温过高或较低，则投饵量需减少；天气晴朗可多投饵；天气不正常，气压低、闷热，雷阵雨前后或大雨时，应少投或暂停投饵；天气长期炎热忽然转凉，或长期凉爽忽然转热，均需注意控制投饵量；及时检查鱼的吃食情况，是掌握下次投饵量的最重要方法，如投饵后鱼很快吃完，应适当增加投饵量；如较长时间吃不完，剩饵较多，则要减少投饵量。

3. 以施肥为主的饲养方法。该法以施肥为主，适当辅以精饲料。通常适用于以饲养鲢鱼、鳙鱼为主的池塘。施肥方法和数量应掌握少量勤施的原则。因夏花放养后正值天气转热的季节，施肥时应特别注意水质的变化，不可施肥过多，以免遇天气变化而发生鱼池严重缺氧，造成死鱼事故。施粪肥可每天或每2～3天全池泼洒1次，数量根据天气、水质等情况灵活掌握。通常每次每亩施粪肥100～200千克。养成1龄鱼种，每亩共需施粪肥1500～1750千克，或每亩养猪1～5头。每万尾鱼种需用精饲料75千克左右。

4. 养殖管理。

（1）日常管理。①巡塘。每天早晨、下午各巡塘一次，早晨巡塘主要观察水色和鱼的动态，发现鱼严重"浮头"要及时注水抢救。每天15:00左右检查食台，了解饵料是否被吃完，以此确定第二天的投饵量。②防逃。雨季时注意池塘中水位上涨情况，检查注、排水口的拦鱼设施。③防病。根据巡塘观察的结果，及时采取预防措施。应经常清除池内杂草、腐败杂物，经常清扫食场。最好每2～3天清理一次，每半月用0.25～0.50千克漂白粉对食场及附近区域消毒一次。④适时注水，改善水质。通常每月注水2～3次。以草鱼为主体鱼的池塘要勤注水。在饲养早期和后期每3～5天加1次水，每次加水5～10厘米；7～8月份应每隔2天加1次水，每次加水5～10厘米；入伏后最好每天冲1次水，以保持水质清新。由于鱼池载鱼量高，必须配备增氧机，每千瓦负荷不大于2亩，并做到合理使用增氧机。⑤做好日常管理的记录。鱼种池的日常管理是经常性的工作。为提高管理的科学性，必须做好放养、投饵施肥、加水、防病、收获等方面的记录和原始资料的分析、整理，并做到定期汇总和检查。此项工作必须有专人负责。

（2）并塘和越冬。当水温降至10℃左右时，各主要养殖鱼类均已减少摄食。这时应将各类鱼种捕出，按种类、规格分开，蓄养到水较深的池塘内集中越冬。

并塘目的：①并塘后将鱼种囤养在较深的池塘中安全越冬，便于管理，不使鱼种落膘。②通过并塘将鱼种按不同种类和规格进行分类归并，计数囤养，有利于后续的运输和放养。③通过并塘可全面了解当年鱼种的生产情况，总结经验教训，为下年度放养计划的制订做参考。④通过并塘可以腾出鱼种池并及时整塘清塘，为第二年生产做好准备。

> **⚠️ 温馨提示**
>
> ### 并塘注意事项
>
> 1. **并塘前选择好越冬池**。选择避风向阳、面积 2～3 亩、水深 2 米以上的池塘作为越冬池。通常规格为 10～13 厘米的鱼种每亩可囤养 5 万～6 万尾。
>
> 2. **停食**。并塘前 3～5 天停止投饵。
>
> 3. **并塘时间**。选择晴天，水温在 5～10℃ 时进行。如水温低，尤其是严冬和下雪天并塘，会使鱼体冻伤，造成鳞片脱落出血，易生水霉病；水温过高，鱼类活动能力强，耗氧大，操作过程中鱼体容易受伤。
>
> 4. **并塘操作**。并塘时拉网、捕鱼、选鱼、运输等工作应小心细致，避免鱼体受伤。

越冬管理：越冬池的水质应保持一定的肥度，并及时做好投饲、施肥（北方冰封的越冬池在越冬前通常施无机肥料，南方通常施有机肥料）工作。一般每周投饲 1～2 次，保证越冬鱼种越冬的基本营养需求。长江以北，冬季冰封季节长，应采取增氧措施，防止鱼种缺氧。加注新水，防止渗漏。加注新水不仅可以增加溶氧量，而且还可以提高水位，稳定水温，改善水质。此外，应加强越冬池的巡视。

（二）室内水泥池鱼种培育

1. **鱼种池条件**。培育池面积在 15～30 米² 为宜，注水深度在 60～80 厘米，也可依据养殖种类不同适当增减。池形以圆形或长方形为主。

2. 养殖管理。

（1）及时分池。每 30～50 天需筛选一次，按大小不同规格分池饲养。

（2）水体流量调节。根据鱼体总重量的变化、水体溶氧量的变化、水温的变化和水源地能供应的水量变化随时调节池水的流量，以保证池水的溶解氧，要求使排水口溶氧量不低于 4 毫克/升，氨氮小于 0.4 毫克/升。

（3）及时清污。要及时清洗注、排水系统及清除池底污物，清污方法除采用虹吸外，因鱼类规格增加，此阶段可以通过拔掉水位控制管或挡水板瞬间加大水流，并结合刷洗池壁的方式，借助水体冲击力进行排污。

（4）疾病预防。工厂化养殖由于鱼类放养密度大，发生鱼病时相互传染快，爆发性强，短时间内会引起流水池中的爆发性鱼病。因此，要特别注意做好鱼病的防治工作。①定期消毒，消毒时，停止进水，用漂白粉 5～8 毫克/升，浸泡时间为 10～15 分钟，然后开闸进水即可。②定期投喂药饵，主要是预防肠道疾病的发生，每万尾鱼用 90% 晶体敌百虫 50 克，混入饲料中，每 7～10 天投喂一次，每次连续 3 天。

（三）网箱鱼种培育

1. 放养密度。

（1）滤食性鱼类。主要依据网箱设置水域浮游生物数量、育成鱼种规格大小而定，多数湖泊、水库要养成 13 厘米规格的鱼种，夏花放养密度为 100～200 尾/米³；要养成 10.0～11.5 厘米规格，则放养密度为 300～400 尾/米³，具体放养密度可参照表 4-5 确定。

（2）吃食性鱼类。在长江流域，一般放养夏花鱼种入箱以养成大规格鱼种，放养量为 1 千克/米³；仔口鱼种（10～20 克/尾），放养密度可增加到 3～5 千克/米³。其他地区的放养量，可依据育成规格大小、养殖周期长短进行酌情增减。

表 4-5　湖泊、水库网箱培育鱼种放养密度

水体类型	1	2	3	4	5
6～10 月份浮游植物数量（个/升）	500～1 000	200～500	100～200	50～100	50 以下
6～10 月份浮游动物数量（个/升）	8 000～12 000	5 000～8 000	3 000～5 000	1 000～3 000	1 000 以下
从 7 月份开始水温在 15℃ 以上天数	120 天左右	120 天左右	120 天左右	100～120 天	80～100 天
水流和滤水量情况	周围经常有有机物冲入养殖水体，具有肉眼可见的定向或网箱随风可大量交换水量，仅个别水库属于这种类型	具有肉眼可见的定向或网箱随风可交换水量，仅少数水库属于这种类型	肉眼勉强可看出水流，交换水量属中等程度，大多数水库和少数湖泊属此类	肉眼看不出水流的存在，只有极微量的水流，少数水库和大多数湖泊属此类	多为小面积静水湖泊，无水流
放养密度（尾/米³）	300～500	200～300	100～200	60～100	40～60

2. 养殖管理。

（1）网箱检查。网箱在安置前应经过仔细检查，养殖期间要勤做检查。检查的时间最好是在每天傍晚和第二天的早晨。方法是饲养人员站在小船上将网箱四角轻轻拉起，仔细观察网衣是否有破损的地方，特别要仔细察看离水面上下 30 厘米左右处的网衣。网箱内刚放入鱼种时往往避免不了发生死鱼的现象，各种野杂鱼，特别是水老鼠最容易被诱集而来并侵袭网箱，网衣较易发生破损的部位绝大多数在离水面上下 20 厘米左右的地方，故应该特别注意。

（2）清除网箱上的污物，保持网目畅通。网箱下水 3 天以后就会吸附大量的污泥，以后又会附上水绵、双星藻等丝状藻类或其他生物。这些生物在种类和数量上往往有明显的季节变化，高温季节大量繁殖，数量达到最大值。由于它们堵塞网目，影响了水体的交换，不利于滤食性鱼类的养殖，必须设法清除，以保持网目畅通。目前国内在网箱养鱼中常用以下几种方法清洗网衣：①人工清洗。当网箱上的附着物比较少的时候，可以先用手将网衣提起，然后摆动抖落污物或者直接将网衣浸入水中进行漂洗；当附着物过多时，可用韧性较强的竹片抽打使其脱落。操作时均须仔细，防止伤鱼破网，洗刷的间隔时间以不使网目被堵塞而造成水流不够畅通为原则。②机械清洗。有条件的地方可以使用喷水枪、潜水泵，以强大的水流将网箱上附着的污物冲落。有时采用农用喷灌机（以 2.2 千瓦的柴油机做动力）安装在小木船上，另外再在另一只小木船上安装一个吊杆，将网箱各个滤水网面吊起，依次进行冲洗。用机械清洗法冲洗一只 60 米^2 面积的网箱，只需 2 人操作，每次 15 分钟，比人工洗刷提高工效 4～5 倍，劳动强度也大大减轻。这是目前普遍采用的方法。③沉箱法。水绵、双星藻、转板藻等丝状绿藻类（俗称青泥苔）一般在水深 1 米以下处就难以生长和繁殖了。因此，如将封闭式网箱下沉到水面以下 1 米处，就可以减少网衣上附着物的附生。光是藻类生长繁殖不可缺少的能源，将网箱下沉，或多或少地要影响网箱中食料生物、鱼类的新陈代谢和索饵活动，并且下层的水温一般较低，对于鱼类的生长不利，产量要受到直接的影响，所以使用此法要因地制宜，权衡利弊后再做决定。④生物清污法。某些养殖鱼类，如鲤鱼、鲫鱼、鲮鱼、罗非鱼、圆吻鲷和细鳞斜颌鲴等喜刮食附着性的藻类，吞食丝状藻类和有机碎屑。利用这些鱼类的习性，在网箱内适当增放这些鱼类，让它们刮食网箱上附着的生物，使网衣保持清洁，水流畅通，这种方法称为生物清污法。利用这种生物清污法既能充分利用网箱内的食料生物，还能增加养殖种类，提高鱼产量。

（3）投饲。可参照（一）室外池塘鱼种培育投饲要求进行。

(四) 鱼种疾病防治

1. 白头白嘴病。 鱼苗下塘一周左右防治白头白嘴病，特别是水质较差的池塘里面容易发生，预防用漂白粉 500 克/亩全池泼洒，发病后可以全塘泼洒季铵盐络合碘治疗，连续全池泼洒两次，间隔一天。不建议使用强氯精等消毒剂消毒，避免应激反应过重引起大批量死亡。

2. 车轮虫病。 用硫酸铜、硫酸亚铁合剂挂袋，或者全池泼洒杀车轮虫专用药，如某些中药成分的杀虫药等。鱼苗大量使用硫酸铜很容易造成鱼苗畸形，应少用。

3. 赤皮、烂鳃、肠炎。 治疗方法同成鱼，不建议使用含恩诺沙星的药物，建议使用土霉素或复方新诺明，以免在其他鱼病发生时使用恩诺沙星效果不好，同时要多充水（图 4-6）。

图 4-6　草鱼烂鳃并发赤皮

4. 细菌性败血症。 水体消毒用聚维酮碘，连续 2 次。同时内服恩诺沙星或盐酸土霉素，连续 5 天，恩诺沙星需每天投喂两次，土霉素每天投喂一次。患细菌性败血症的鱼体质虚弱，对环境敏感性差，不建议使用刺激性强的药物泼洒治疗，如强氯精等，建议使用碘制剂。切记患病时不可加水（图 4-7）。

5. 病毒性出血病。 水体消毒用碘制剂，连续两次。内服病毒唑或病毒灵对治疗有一定的效果，剂量分别为：①每 1 000 千克鱼体重 10~20 克，连续 7 天。②每 1 000 千克鱼体重用 10 克，连续 3 天。

6. 肝胆综合征。 前 3 天内服保肝药物和维生素 C，保肝药物及维生素 C 的量需投喂到位，后 4 天加入少许抗生素。

图4-7　鲫鱼出血病

！温馨提示

鱼种平时的疾病预防

对于鱼种疾病的预防有很多误区，不少养殖户习惯于在饲料中长期添加三黄粉或者抗生素进行预防，这样的做法是错误的。长期添加抗菌药物可以导致鱼体正常菌群紊乱，一旦停止用药，水质恶化时，更易暴发疾病。鱼病的预防应从控制和消灭病虫害、增强鱼体抗病能力和改善鱼类的生活环境三个方面入手。

2 苗种质量鉴别与运输

苗种质量鉴别

（一）鱼苗质量鉴别

1. 鱼苗质量鉴别方法。鱼苗因受鱼卵质量和孵化培育过程中环境条件的影响，体质有强有弱，这对鱼苗的生长和成活带来很大影响。生产上可根据体色、游泳情况以及挣扎能力来区别其优劣。鉴别方法见表4-6。

表4-6　鱼苗优劣鉴别

鉴别方法	优　质	劣　质
看体色	群体色素相同，无白色死苗，身体清洁，略带黄色或稍红	群体色素不一，为"花色苗"。具白色死苗。鱼体拖带污泥，体色发黑带灰
看游动情况	在鱼篓内，将水搅动产生旋涡，鱼在旋涡边缘逆水游泳	鱼苗大部分被卷入旋涡
抽样检查	在白瓷盆中，口吹水面，鱼苗逆水游泳，倒掉水后，鱼苗在盆底剧烈挣扎，头尾弯曲成圆圈状	口吹水面，鱼苗顺水游泳；倒掉水后，挣扎力弱，头尾仅能扭动

2. 常见劣质鱼苗。在鱼类人工繁殖过程中，容易产生四种劣质鱼苗。

（1）杂色苗。一个孵化器中放入两批间隔时间过长的鱼卵，致使鱼苗嫩老混杂；或因停电、停水等原因，造成各孵化器底部管道回流，各种鱼苗混杂在一起。

（2）"胡子"苗。由于鱼苗已发育到合适的阶段未能销售，只能继续在孵化器或网箱内囤养，鱼体色素增加，体色变黑，体质差。或者由于水温低，胚胎发育慢，鱼苗在孵化器中的时间过长，顶水时间长，消耗能量大，使壮苗变成弱苗。

（3）困花苗。鱼苗胸鳍出现，但鳔（俗称腰点）尚未充气，不能上下自由游泳，此阶段称困花苗。困花苗在静水中大部分沉底，鱼体嫩弱，其发育仍依靠卵黄囊为营养，不能吞食外界食物，运输时容易死亡。

（4）畸形苗。由于鱼卵质量或孵化环境的影响，造成鱼苗发育畸形（常见的有围心腔扩大、卵黄囊分段等），游泳不活泼，往往和孵化器中的脏物混杂在一起，不易分离。畸形苗在鱼苗培育池中一般不能发育至夏花。

因此，在购买鱼苗时，必须了解每批鱼苗的产卵日期、孵化时间，并按表4-6的质量鉴别标准严格挑选，严禁购买上述四种劣质鱼苗，为提高鱼苗培育成活率创造良好条件。

（二）夏花鱼种质量鉴别

夏花鱼种质量优劣可根据出塘规格大小、体色、鱼类活动情况以及体质强弱来判别，详见表4-7。

表4-7 夏花鱼种优劣鉴别

鉴别方法	优 质	劣 质
看出塘规格	同种鱼出塘规格整齐	同种鱼出塘个体大小不一
看体色	体色鲜艳，有光泽	体色黯淡无光，变黑或变白
看鱼活动情况	行动活泼，集群游动，受惊后迅速潜入水底，不常在水面停留，抢食能力强	行动迟钝，不集群，在水面漫游，抢食能力弱
抽样检查	鱼在白瓷盆中狂跳。身体肥壮，头小，背厚。鳞鳍完整，无异常现象	鱼在白瓷盆中很少跳动。身体瘦弱，背薄，俗称"瘪子"。鳞鳍残缺，有充血现象或异物附着

（三）1龄鱼种质量鉴别

1龄鱼种的质量优劣可采用"四看、一抽样"的方法来鉴别。

1. 看出塘规格是否均匀。同种鱼种，凡是出塘规格均匀的，通常体质均较健壮。个体规格差距大，往往群体成活率低，其中那些个体小的鱼种，体质消瘦，俗称"瘪子"。

2. 看体色。俗称看"肉气"，即通过鱼种的体色反映体质优劣。优质鱼种的体色是：青鱼体色青灰带白，鱼体越健壮，体色越淡；草鱼鱼体淡金黄色，灰黑色网纹鳞片明显，鱼体越健壮，淡金黄色越显著；鲢鱼背部银灰色，两侧及腹部银白色；鳙鱼淡金黄色，鱼体黑色斑点不明显，鱼体越健壮，黑色斑点越不明显，金黄色越显著，如果体色较深或呈乌黑色的鱼种则是瘦鱼或病鱼。

3. 看体表是否有光泽。健壮的鱼种体表有一薄层黏液，用以保护鳞片和皮肤，免受病菌侵入，故体表呈现一定光泽。而病弱受伤鱼种缺乏黏液，体表无光泽，俗称鱼体"出角""发毛"。某些病鱼体表黏液过多，也失去光泽。

4. 看鱼种游动情况。健壮的鱼种游动活泼，逆水性强。在网箱或活水船中密集时鱼种头向下，尾向上，只看到鱼尾在不断地煽动。否则为劣质鱼种。

5. 抽样检查。选择同种规格相似的鱼种称取 1 千克，计算尾数，然后查对优质鱼种规格鉴别表（表4-8）。

表4-8 优良鱼种规格鉴别

鲢鱼		鳙鱼		草鱼		青鱼		鳊鱼	
规格（厘米）	每千克尾数	规格（厘米）	每千克尾数	规格（厘米）	每千克尾数	规格（厘米）	每千克尾数	规格（厘米）	每千克尾数
16.6	22	16.6	20	19.6	11.6	14.0	32	13.3	40
16.3	24	16.3	22	19.3	12.2	13.6	40	13.0	42
16.0	26	16.0	24	19.0	12.6	13.3	50	12.6	46
15.6	28	15.6	26	17.6	16	13.0	58	12.3	58
15.3	30	15.3	28	17.3	18	12.0	64	12.0	70
15.0	32	15.0	30	16.3	22	11.6	66	11.6	76
14.6	34	14.6	32	15.0	30	10.6	92	11.3	82
14.3	36	14.3	34	14.6	32	10.3	96	11.0	88
14.0	38	14.0	36	14.3	34	10.0	104	10.6	98
13.6	40	13.6	38	14.0	36.8	9.6	112	10.3	106
13.3	44	13.3	42	13.6	40	9.3	120	10.0	120
13.0	48	13.0	44	13.3	48	9.0	130	9.6	130
12.6	54	12.6	46	13.0	52	8.6	142	9.3	142
12.3	60	12.3	52	12.6	58	8.3	150	9.0	168
12.0	64	12.0	58	12.3	60	8.0	156	8.6	228
11.6	70	11.6	64	12.0	66	7.6	170	8.3	238
11.3	74	11.3	70	11.6	70	7.3	186	8.0	244
11.0	82	11.0	76	11.3	80	7.0	200	7.6	256
10.6	88	10.6	82	11.0	84	6.6	210	7.3	288

（续）

鲢鱼		鳙鱼		草鱼		青鱼		鳊鱼	
规格（厘米）	每千克尾数	规格（厘米）	每千克尾数	规格（厘米）	每千克尾数	规格（厘米）	每千克尾数	规格（厘米）	每千克尾数
10.3	96	10.3	92	10.6	92	—	—	7.0	320
10.0	104	10.0	98	10.3	100	—	—	6.6	350
9.6	110	9.6	104	10.0	108	—	—	—	—
9.3	116	9.3	110	9.6	112	—	—		
9.0	124	9.0	118	9.3	124	—	—		
8.6	136	8.6	130	9.0	134	—	—		
8.3	150	8.3	144	8.6	144	—	—		
8.0	160	8.0	154	8.3	152	—	—		
7.6	172	7.6	166	8.0	160	—	—		
7.3	190	7.3	184	7.6	170	—	—		
7.0	204	7.0	200	7.3	190	—	—		

如该档规格中每千克鱼的尾数少于或等于标准尾数，则为优质 1 龄鱼种。

苗种运输

鱼苗、鱼种运输是鱼类养殖过程中一个不可缺少的重要环节。活鱼运输的中心问题是提高运输成活率和降低运输成本。

（一）运输前的准备

鱼苗、鱼种运输，不论使用哪一种运输工具和运输方法，都应做好以下几方面的准备工作。

1. 制订运输计划。包括选择运输方式、交通工具、装运密度、运输路线、人员资金配备和起运时间。

2. 准备好运输用具、工具，做好维修保养和检查工作。如采用鱼篓、帆布桶、木桶等运输容器，在运输前一晚应浸水，防止容器漏水。

3. 做好联络工作。为使各运输环节环环紧扣，密切配合，做到"人等苗种、车（船）等苗种、池等苗种"，必须做好接收、中转（包括车辆过渡、船只过闸）和放养的准备工作。途中需过夜住宿时，要选定鱼种吊水暂养水体，并配备吊养工具和饵料等。

4. 锻炼鱼体。鱼苗需在鱼苗箱中囤养 2～4 小时，清除脏物和死苗。鱼种必须拉网锻炼 2～3 次，以排空体内粪便及多余黏液，加强对恶劣水质的忍耐能力，提高运输成活率。但胡子鲇属的鱼苗、鱼种则不宜吊水锻炼，否则会由于饥饿而互相啃咬，受伤后容易感染病害而死亡。故只需在起运前 3～4 小时停食即可。

5. 准备好洁净、溶解氧高的运输用水。运输用水必须清新无毒，水中有机物含量低，溶解氧高。井水含氧低，宜先注入水泥池放置 2～3 天或用充气泵充气后使用。自来水含有余氯，对鱼苗、鱼种的杀伤力很大。使用自来水时，必须先注入水泥池中放置 2～4 天，让水中余氯自然逸出，或者用充气泵充气 12～14 小时后使用。也可以使用硫代硫酸钠（大苏打）快速除氯。方法是每吨自来水加硫代硫酸钠 7 克。将该药物加少量水溶解后，倒入自来水中搅拌均匀即可。

（二）运输方法

鱼苗、鱼种的运输方法可归纳为两大类：封闭式运输和开放式运输。

1. 封闭式运输。将鱼和水置于密封充氧的容器中进行运输。它可用汽车、火车、轮船和飞机等多种交通工具装运。这种运输方法的特点是：体积小，重量轻，携运方便；一般不需中途换水，装运密度大，运输成本低；管理方便，劳动强度低；鱼体不易受伤，成活率高；一般一次充氧能使鱼在容器中保持 30 小时以上，因而对长途大数量的苗种运输更为便利。

（1）塑料袋运输。运输活鱼用的塑料袋有多种形状，一般为口袋形或圆桶形。常用的塑料袋规格一般是长 80～110 厘米，宽 35～45 厘米。为防止塑料袋破裂，可用双套袋运输，即将两个袋套在一起，内层装水充氧。装水量占袋总容量的 2/5～1/2（连鱼一起）。袋中用水必须清洁，以减少有机物耗氧量。充氧方法：当鱼和水放进袋后，将袋内空气排出，然后通入氧气，充氧不能太足，一般以袋表面饱满为度（空运时充氧为陆运时的60%～70%）。为了防止塑料袋在运输中损坏，可将塑料袋装在纸箱、木桶或泡沫塑料箱中。

塑料袋装运鱼苗、鱼种的密度与运输时间、温度、鱼体大小、体质、锻炼程度等密切相关。一般来说，温度低，运输时间短，鱼体小、性温驯、耗氧少的鱼运输密度可大些，反之则少些。长80厘米、宽40厘米的塑料袋，装水7.5～10.0升，在水温25℃时装运鱼苗、鱼种的密度，可参照表4-9。

表4-9 塑料袋装运鱼苗、鱼种密度

运输时间（小时）	装运密度（尾/袋）		
	鱼 苗	夏花鱼种	8.3～10.0厘米鱼种
10～15	150 000～180 000	2 500～3 000	300～500
15～20	100 000～120 000	1 500～2 000	
20～25	70 000～80 000	1 200～1 500	
25～30	50 000～60 000	800～1 000	

用塑料袋装运鱼苗、鱼种，到达目的地时，要做好温度调节和降低鱼体血液内的二氧化碳后再放养。即连水带鱼轻缓地倒入大容器内，每隔10分钟加一次新水，直至袋内水温调到与放养水温基本一致再行放养，以免温度剧变造成鱼苗鱼种伤亡。同时，使袋中的鱼从密封的高浓度二氧化碳环境中逐步过渡到二氧化碳正常浓度的新水中，特别对于途中不换水而麻痹较久的鱼，更应注意这一点，否则将前功尽弃。若运程短，装鱼密度低或鱼未出现麻痹状态，则只要注意水温逐渐调节一致即可。可采用"吊池"的办法，即将装鱼的塑料袋在放养水体内吊浸一段时间，待袋内外水温一致后再开袋放养。

（2）塑料桶或胶布袋运输。在道路崎岖不平的山区，由于运输时颠簸剧烈，塑料袋较易破裂，可使用聚乙烯塑料桶或胶布袋（胶囊）充氧运输鱼苗、鱼种。

用塑料桶运鱼时，先在桶内盛水放鱼，并将水注满，安装上桶盖使其密封，然后将桶侧卧，充氧阀在上，排水阀在下，通入氧气，迫使水从排水阀流出。排水量控制在总水量的 1/2～3/5，然后停止充氧，关闭排水阀，即可运输。运输时塑料桶平放，这样桶中氧气与水接触面大，可增加水中溶氧量，也可减少鱼体与桶壁的碰撞。在水温 29～30℃时，运输体长 2.3～4.0 厘米的草鱼、鳙鱼种，每桶装 7 000 尾左右，鲢鱼种适当减少，在 13 小时内成活率可达 95％以上。

用胶囊运输活鱼时，将整个胶囊外层涂成白色，以防吸热。装运时，先由装鱼孔向胶囊内加水，装水量为胶囊总容量的 1/3～1/2。然后装鱼。装鱼时动作要迅速（若遇天气炎热或装运时间较长，必须边装鱼边徐徐充氧），以防"浮头"。装鱼完毕，封闭装鱼孔，开始充氧，充至轻压胶囊富有弹性为止，即可运输。在水温 13～20℃时，每升水装 10 厘米的草鱼、鲢鱼种 40 尾，短途运输（24 小时内）还可增加 25％的装运量，成活率可达 95％。

在运输距离较远、时间较长的情况下，可以中途换水倒袋，重新充氧。据试验，途中重新充氧，可延长运输时间 20％～40％；如果换一半新水再重新充氧，则可延长时间 50％～60％；全部重新换水充氧，鱼的成活时间就可延长一倍左右。

2. 开放式运输。将鱼和水置于敞口的容器进行运输，是大批运输成鱼或鱼种常用的方法，从原始简单的肩挑到使用汽车、火车、轮船、飞机等都有采用。开放式运输的特点是：运输量大，换水增氧方便，运输成本低，便于途中观察和检查运输情况，发现问题能及时处理。适于长时间运输，但占有空间大，用水量多，劳动强度大，装运密度相对较低。

（1）肩挑运输。在交通不便、运输距离较近、运输量不大或无其他水陆交通可利用的山区、丘陵地区，一般采用人工挑运或自行车运输。挑运工具各地有所不同，有挑篓、木盆、木桶、铁桶等。挑运密度一般行程 1～2 天的每担盛水 25～40 千克，装 1.3 厘米以下的鱼苗 4 万尾；1.5～2.0 厘米的 0.8 万～1.2 万尾；2.5 厘米的 0.5 万～0.6 万尾；3.5 厘米的 0.3 万尾；5 厘米的 0.2 万尾；6.5～8.0 厘米的 500 尾；10 厘米的 300～400 尾。草鱼、鳙鱼、鲢鱼易运，冬季水温较低，密度可适当增加。挑运过程中鱼若"浮头"不下沉时必须换水，换水量不超过 1/2。如途中必须过夜时，要把鱼蓄养在池中网箱内。挑运的缺点是人很辛苦，运输量小，成活率难以保证。

（2）活水船运输。在水路交通方便的地方，较长距离的运输可使用活鱼船。活鱼船是在船舱底部的前后两端或左右两侧开孔，孔上装有纱窗，船在前进时，河水自前面的孔流入，自后面的孔排出，自得换水，使其中水质保持新鲜，溶解氧充足，而鱼却不能逃出舱。每吨水可装鱼苗 400 万～500 万尾，多的可达 1 000 万尾。乌仔每吨水可装 3.0 万～3.8 万尾（水温 20～24℃），运程 1 天。如水温 10℃ 以下时，7～8 厘米的鲢鱼、鳙鱼、青鱼种，每吨水可装 1 万尾左右；10 厘米的约可装 8 000 尾；13 厘米的 5 000～6 000 尾。草鱼耗氧率低，密度可高 1/5～1/4。活水船通过污水区域时应把进水口堵住，以防污水进入舱内毒死苗种。但时间不能太长，若时间较久，需人工增氧。

活鱼船运输时，首先要了解沿途水质状况，通过水质不良的地方，应将进水口塞住，但时间不能太长。若时间较长时，可用人工送气或击水增氧。停船时，船头要朝向流水方向，使水流能顺利流入舱内。

目前，较先进的 HYC-20 型活鱼运输船安装了具有增氧、水净化、制冷三个功能的装置，其运输时间、鱼的装载密度、运输成活率都比较高，而且不受季节变化和航道水质好坏的影响。除用来运输成鱼外，也可用于运输鱼苗、鱼种。一般船长 19 米，主机动力 44.13 千瓦，辅机动力 8.8 千瓦，增氧装置动力 2.2 千瓦，净化装置动力 1.5 千瓦，制冷动力 3.37 千瓦，装运量 20 吨。鱼、水比在水温 15℃ 以下时为 1∶1，水温 15～25℃ 为 1∶2，水温 25℃ 以上时为 1∶3，连续运输 24 小时，成活率达 90% 以上。

（3）轮船运输。利用客货轮船运输鱼苗鱼种，换水方便，航行稳妥，运费低廉。例如利用长江定期大型客轮运输鱼苗，鱼篓放在甲板上或走廊上，每篓盛水 400 升，水温 15～25℃ 时可装鱼苗 20 万～30 万尾，运输途中日夜需人管理，每天喂食一次，每篓喂 1.0～1.5 个煮熟的鸭蛋黄，喂食时，将蛋黄放在纱布或筛绢小袋内，在鱼篓内水中轻轻漂洗，洗出的蛋黄液用手均匀地洒入篓中。运输途中每人管理3～4只鱼篓，一般在城市附近不能换水，避免换入污水影响鱼苗运输成活率。

（4）汽车运输。汽车运输机动灵活、迅速，公路交通方便的地方均可使用。载重3～4吨的汽车，每车可装帆布篓、木桶等4～6只，分立车厢两侧，中间留一通道。运输时可用击水器经常击水增氧或采用送氧、淋水等方法增氧。如途中鱼类"浮头"严重或水质变坏，应停车换水。运输途中需2～4人照管，装运密度随水温高低，路途长短，鱼的种类、规格、体质，以及运输技术等而确定。一般盛水400～500升的篓、桶（装水量只能占容器总量的3/4）可装鱼苗40万尾，鱼种的装运密度参考表4-10。

表4-10　帆布篓、木桶等容器装运鱼种的密度

鱼的规格（厘米）	温度（℃）	密度（尾/升）	时间（天）
2.2	25～30	75～90	1～2
3.3	25～30	65～70	1～2
5.0	25～30	45～50	1～2
8.2～10.0	10～15	25～30	1～2
13.2	10～15	10～15	1～2

（5）火车运输。火车适于长途运输，装载量大，运费较低。用货车车厢运，一节50吨的车厢可装运鱼篓24只（大鱼篓装18只），水温15℃左右时，可运鱼苗500万尾左右，途中一般采用送气法增加水中溶氧量，也可用大帆布在车门两侧装成两只大袋箱，盛水运鱼。

近年来，一些单位采用大袋箱装运鱼苗、鱼种和亲鱼，水温15℃左右时，每只袋箱盛水70%左右，可装3.3厘米的夏花40万～50万尾，10厘米左右的鱼种6万～7万尾。途中采用换水的方法补充氧气，车厢内最好保持黑暗，使鱼安稳，减少耗氧和避免撞伤。

3 苗种放养

鱼苗放养

（一）鱼苗池的选择

鱼苗池的选择标准要求有利于鱼苗的生长、饲养管理和拉网操作等。具体应具备下列条件。

1. 水源充足，注、排水方便，水质清新，无任何污染。因为鱼苗在培育过程中，要根据鱼苗的生长发育需要随时注水和换水，才能保证鱼苗的生长。

2. 池形整齐，面积和水深适宜。鱼苗池最好为长方形东西走向。这种鱼池水温易升高，浮游植物的光合作用较强，浮游植物繁殖旺盛，因此，对鱼苗生长有利。面积为 1～3 亩，水深 1.0～1.5 米。面积过大，饲养管理不方便，水质、肥度较难调节控制；面积过小，水温、水质变化难以控制，相对放养密度小，生产效率低。

3. 池底平坦，淤泥适量，无杂草。淤泥中含有较多的有机质和氮、磷等营养物质，池底保持 10～15 厘米厚的淤泥层，有利于池塘保持肥度，同时降低耗氧和有害气体的产生。淤泥过多，水质易老化，耗氧过多，对鱼苗不利，拉网操作不方便。水草吸收池水的营养盐类，不利于浮游植物的繁殖。

4. 堤坝牢固，不漏水，土质好。有裂缝漏水的鱼池，易形成水流，鱼苗顶水流集群，消耗体力，影响摄食和生长。底质以壤土最好，沙土和黏土均不适宜。

5. 池塘避风向阳，光照充足。充足的光照，浮游植物的光合作用好，浮游植物繁殖快，池塘溶解氧丰富，饵料充足，有利于鱼苗生长。

（二）鱼苗池的清整

鱼苗池的清整方法参照模块三中池塘养殖前期准备内容进行。

（三）鱼苗放养技术

1. 适时下塘。 鱼苗下池时能吃到适口的食物是鱼苗培育的关键技术之一，也是提高鱼苗成活率的重要一环。在生产实践中应引起重视。为了让鱼苗下塘后就能很快获得适口和优质的天然饵料，提供鱼苗快速成长所需要的营养物质，必须充分利用鱼苗发育过程中食性转化规律与池塘清塘后浮游生物发育规律的一致性，从而提高鱼苗的成活率。

（1）鱼池清塘后浮游生物的演替规律。一般经多次养鱼的池塘，池塘淤泥中储存大量轮虫的休眠卵。因此在生产上，当清塘后放水时（一般放水 20～30 厘米），就必须用铁耙翻动塘泥，使轮虫休眠卵上浮或重新沉积于塘泥表层，促进轮虫休眠卵萌发。池塘经过清塘注水后，生物群落经历的自然演替过程是：首先出现的是那些个体小、繁殖速度快的硅藻和绿球藻。除各种小型藻类外，还间生着一些鞭毛藻类、浮游丝状藻类和浮游细菌。随后，原生动物和轮虫开始出现，它们以小型藻类和细菌为食。几天后一些滤食性的小型枝角类（裸腹蚤）和大型枝角类（隆线蚤等）先后出现，它们与轮虫处在同一营养生态位，但由于枝角类的滤食能力强，处于竞争劣势的轮虫种群数量下降，枝角类居优势地位。随枝角类种群密度的增大，代谢产物积累使本身生活条件恶化（食物缺乏和营养不足），加上捕食性桡足类如剑水蚤的繁衍和摄食，枝角类的数量逐渐下降。最后，由各类浮游植物和桡足类组成比较稳定的浮游生物群落。根据李永函测定，在水温 20～25℃，完成这一过程需要 10～15 天（表 4-11）。

（2）鱼苗适口饵料生物的培养与适时下塘。鱼苗从下塘到全长 3 厘米的夏花，食性转化规律为：轮虫和卤虫无节幼体——小型枝角类——大型枝角类——桡足类。同鱼池清塘后浮游生物的演替规律基本一致。

表 4-11　生石灰清塘后浮游生物变化模式（未放养鱼苗）

项目	1～3 天	4～7 天	7～10 天	10～15 天	15 天后
pH	11	9～10	9 左右	<9	<9
浮游植物	开始出现	第一个高峰	被轮虫滤食，数量减少	被枝角类滤食，数量减少	第二个高峰
轮虫	零星出现	迅速繁殖	高峰期	显著减少	少
枝角类	无	无	零星出现	高峰期	显著减少
桡足类	无	少量无节幼体	较多无节幼体	较多无节幼体	较多成体

注：水温 20～25℃。

　　使鱼苗正值池塘轮虫繁殖的高峰期下塘，不但刚下塘的鱼苗有充足的适口饵料，而且以后各个发育阶段也都有丰富的适口饵料。从生物学角度看，鱼苗下塘时间应选择在清塘后 7～10 天，此时池塘正值轮虫高峰期。但是，仅仅依靠池塘天然生产力培养的轮虫的数量并不多，每升仅 250～1 000 个，在鱼苗下塘后 2～3 天内就会被鱼苗吃完。故在生产上一般先清塘，然后根据鱼苗下塘时间施有机肥料，促使轮虫快速增值，保证鱼苗下塘后有充足的适口饵料。施肥方法：每亩池塘投放 200～400 千克绿肥堆肥或沤肥，在鱼苗下塘前 10～14 天，将绿肥堆放在池塘四角，浸没于水中以促使其腐烂，并经常翻动；或每亩用腐熟发酵的粪肥 150～300 千克，在鱼苗下塘前 5～7 天（以水温）全池泼洒。施肥后轮虫高峰期的量比天然生产力高 4～10 倍，每升达 8 000～10 000 个，鱼苗下塘后轮虫高峰期可维持 5～7 天。轮虫的繁殖达到高峰期后，视水质肥瘦，每天每亩池塘施入经发酵消毒后的粪肥 50 千克或每 3～5 天施入无机肥 7～8 千克作为追肥，尽可能维持轮虫高峰。要做到鱼苗在轮虫高峰期适时下塘，关键要确定合理的施肥时间。如施肥过晚，池水轮虫数量尚少，鱼苗下塘后因缺乏大量适口饵料，必然生长不好；如施肥过早，轮虫高峰期已过，大型枝角类大量出现，鱼苗非但不能摄食，反而出现枝角类与鱼苗争溶解氧、争空间、争饵料，鱼苗因缺乏适口饵料而大大影响成活率。为确保施入有机肥料后，轮虫能大量繁殖，在生产中往往先泼洒0.2～0.5毫克/升的晶体敌百虫杀灭大型浮游动物，然后再施有机肥。

2. 放养方法。

（1）鱼苗暂养。塑料袋充氧密封运输的鱼苗，特别是长途运输的鱼苗，血液内往往含有较多的二氧化碳，造成鱼苗处于麻痹甚至昏迷状态。肉眼观察，可见袋内的鱼苗多数沉底成团。如果将这种鱼苗直接下塘，成活率极低。因此，应先放入暂养箱中暂养。

暂养前，先将装鱼苗的塑料袋放入池内，待鱼苗袋内外水温接近相同（一般需15～30分钟）后，开袋将鱼苗缓慢放入池内的暂养箱中。暂养时，应经常在箱外划动池水，以增加箱内水溶解氧，一般经过0.5～1.0小时暂养，使鱼苗血液中过多的二氧化碳排出体外，暂养箱中的鱼苗能集群在箱内逆水游动，即可下塘。

（2）饱食下塘。鱼苗下塘时面临适应新环境和尽快获得适口饵料两大问题。鱼苗饱食后下塘，实际上是保证了仔鱼的第一次摄食，其目的是加强鱼苗下塘后的觅食能力和提高鱼苗对不良环境的适应能力。鱼苗下塘前一般投喂鸡（鸭）蛋黄。

据测定，饱食下塘的草鱼苗与空腹下塘的草鱼苗忍耐饥饿的能力差异很大。同样是孵出5天的鱼苗（5日龄），空腹下塘的鱼苗至13天全部死亡，而饱食下塘的鱼苗死亡率仅2.1%（表4-12）。

表4-12　鱼苗饱食与空腹下塘耐饥饿能力测定（水温23℃）

草鱼苗处理	仔鱼数（尾）	各日龄仔鱼的累计死亡率（%）									
		5天	6天	7天	8天	9天	10天	11天	12天	13天	14天
投喂蛋黄	143	0	0	0	0	0	0	0.7	0.7	2.1	4.2
不投喂蛋黄	165	0	0.6	1.8	3.6	3.6	6.7	11.5	46.7	100	—

3. **放养密度。**鱼苗的放养密度对鱼苗的生长速度和成活率有很大影响。密度过大，鱼苗生长缓慢或成活率较低，发塘时间过长，影响下一步鱼种饲养的时间。密度过小，虽然鱼苗生长较快，成活率较高，但浪费池塘水面，肥料和饵料的利用率也低，使成本增高。放养密度对鱼苗生长和成活率的影响实质上是饵料、活动空间和水质对鱼苗的影响。鱼苗密度过大，饵料往往不足，活动空间小（特别是培育后期鱼体长大时），水质条件较差、溶氧量低，因此鱼苗的生长就较慢、体质较弱，致使成活率降低。在确定放养密度时，应根据鱼苗、水源、肥料和饵料来源、鱼池条件、放养时间的早晚和饲养管理水平等情况灵活掌握。

目前，鱼苗培育大多采用单养的形式，由鱼苗直接养成夏花，每亩放养 10 万～15 万尾；由鱼苗养成乌仔，每亩放养 15 万～20 万尾；由乌仔养到夏花时，放养密度为每亩放养 3 万～5 万尾。一般青鱼、草鱼密度偏稀，鲢鱼、鳙鱼鱼苗可适当密一些。此外，提早繁殖的鱼苗，为培育大规格鱼种，其发塘密度也应适当稀一些。

4. **鱼苗放养注意事项。**鱼苗下塘时应注意以下事项。

（1）注意鱼苗能否独立生活。只有当鱼苗发育到鳔充气，能自由游泳，能摄食外界食物时方可下塘，一般在鱼苗孵出后 4～5 天。下塘过早，鱼苗活动能力和摄食能力弱，会沉入水底死亡；太晚，卵黄囊早已吸收完毕，鱼苗因没有及时得到食物而消瘦、体质差，也会降低成活率。

（2）注意清塘药物的毒性是否完全消失。在鱼苗下塘前，从池塘中取一盆底层水，放几尾鱼苗，试养半天到 1 天。如鱼苗活动正常，证明毒性已消失，可以放苗。

（3）注意池中是否残留敌害生物。放养鱼苗前用密眼网拉 1～3 遍，如发现池中有大量蛙卵、蝌蚪、水生昆虫或残留野杂鱼等敌害生物，须重新清塘消毒。

（4）如池水过肥则应加些新水。如池中大型浮游动物过多，可用 1.0～1.5 毫克/升的 2.5% 敌百虫杀灭，也可每亩放 13 厘米左右的鳙鱼 20～30 尾吃掉大型浮游动物。然后将鳙鱼全部捕出后再放鱼苗。

（5）单养。同一池塘应放养同一批鱼苗，以免成活率下降和出现规格的差异。

（6）计数。鱼苗下塘时，应准确地计数，以便饲养时正确掌握饲料、肥料的用量。

（7）注意温差不能太大。鱼苗下塘前所处的水温与池塘水温相差不能超过3℃，否则，应调节鱼苗容器中的水温，使其逐渐接近于池塘水温后，方可下塘。

（8）下塘时应将盛鱼苗的容器放在避风处倾斜于水中，让鱼苗自己游出，有风天则应在上风处放苗，否则，鱼苗易被风浪推至岸边或岸上。

（9）鱼苗下塘2～3天内由于鳔发育尚不完善，会在池塘四边的水面活动。此时如果遇天气突然变化，气温骤降，成活率会大幅降低，此时应多观察，如果鱼苗死亡较多，应及时补苗，避免耽误生产。

（10）鱼苗下塘时候如果水太肥，水中的氧气含量太高，鱼苗会因为吞食大量的氧气导致气泡病。得病的鱼苗肠道内布满气泡，鱼苗因不能下潜而容易被太阳晒死或饿死。可以通过冲入新水或泼洒泥浆来治疗，或者用食盐兑水全池泼洒，食盐用量为每亩4～6千克。

■ 鱼种放养

（一）夏花鱼种放养前的准备

1. 清整池塘。 鱼种池的清整方法与鱼苗池的清整方法相同。

2. 施基肥。 虽然夏花鱼种的食性已开始分化，但对浮游动物均喜食，并且生长迅速，因此夏花鱼种的放养也要做到肥水下塘，通过施有机肥料培养枝角类和桡足类等较大型的浮游动物，使入池后的夏花鱼种立即就能吃到适口饵料，这是提高鱼种成活率的重要措施。基肥的施放时间，一般在夏花放养前10天左右，每亩施粪肥200～400千克。以鲢鱼、鳙鱼为主体鱼的池塘，基肥可适当多施一些，应控制在轮虫高峰期下塘；以青鱼、草鱼、团头鲂、鲤鱼为主体鱼的池塘，应控制在枝角类高峰期下塘。在以养草鱼、团头鲂为主的池塘中，应在原池预先培养芜萍或小浮萍以提供草鱼的适口饵料。

3. 消毒处理。鱼种下塘前，为避免将病原体带入养殖水体，需要对鱼体进行消毒处理。可以采取以下方法进行：1％食盐加1％小苏打水溶液或3％食盐水溶液，浸浴5～8分钟；20～30毫克/升聚维酮碘（含有效碘1％），浸浴10～20分钟；5～10毫克/升高锰酸钾，浸浴5～10分钟。

以上三种方式可以任选一种使用，同时剔除病鱼、伤残鱼，操作时水的温差应控制在3℃以内。

（二）鱼种的选择

选择体质健壮、规格一致的优质鱼种放养，才能培育出优质的大规格鱼种。优质鱼种其规格整齐，头小背阔，体色光亮，肌肉丰满，游动活泼，集群，鳞片、鳍条完整，无病无伤。

（三）混养搭配

主要养殖鱼类在鱼种培育阶段，各种鱼的活动水层、食性和生活习性已明显分化。因此可以进行适当的搭配混养，以充分利用池塘水层和饵料资源，发挥池塘的生产潜力。同时，混养还为密养创造了条件，在混养的基础上，可以加大池塘的放养密度，提高单位面积鱼产量。混养还能做到不同鱼类之间的彼此互利，如草鱼与鲢鱼或鳙鱼混养，草鱼的粪便及残饵分解后使水质变肥，繁殖浮游生物可供鲢鱼、鳙鱼摄食，鲢鱼、鳙鱼吃掉部分浮游生物，又可使水质不致变得过肥，从而有利于喜在较清水中生活的草鱼的生长。因此，鱼种池混养是合理和有利的。

1. 混养的原则。

（1）凡是与主体鱼（主养鱼）在食性上相同的鱼种不混养。如鲢鱼与鳙鱼都是以浮游生物为食，在放养密度大、以投饵为主的情况下，它们之间在摄食上就发生矛盾。鲢鱼行动敏捷、争食力强，鳙鱼行动迟缓，争食力弱。如果将同规格的鲢鱼、鳙鱼混养，鳙鱼因得不到充足的饵料而生长缓慢。因此，同一规格的鲢鱼、鳙鱼通常不混养，如要混养，只可在以鲢鱼为主的池塘中搭配少量鳙鱼（一般在20％以下），即使鳙鱼少吃投喂的饲料，也可依靠池中的天然饵料维持正常生长。而在以鳙鱼为主的池塘中，则不可混养统一规格的鲢鱼。如果混养少量的鲢鱼，也因抢食凶猛，很有可能对鳙鱼生长带来不良影响。

（2）主体鱼提前下塘，配养鱼推迟放养。采用此法可人为地造成各类鱼种在规格上的差异，进一步提高主体鱼对饲料的争食能力，使主体鱼和配养鱼混养时，主体鱼具有明显的生长优势，保证主体鱼达到较大规格。利用同池主体鱼和配养鱼在规格上的差异尽量缩小或缓和各种鱼种之间的矛盾，这就大大增加了鱼种混养的种类和数量，充分发挥鱼种池中水、种、饲的生产潜力，既培养了大批大规格的主体鱼种，又提高了鱼种池的总产量。

2. 主要养殖鱼类的混养。鱼种混养的种类，一般采取中下层的草鱼、青鱼、鳊鱼、鲂鱼、鲤鱼、鲫鱼等与中上层的鲢鱼、鳙鱼以2～3种或4～5种鱼混养。其中以一种鱼为主养鱼（主体鱼），比例较大；其他鱼为配养鱼，比例较小。鱼种池混养的种类一般较食用鱼池塘少。因为鱼种培育要求生产规格整齐、体质健壮的鱼种，如混养种类过多，往往会造成各种鱼对所投的人工饵料（如油饼类、糠、麸等）严重争食，而难以达到出塘规格和保证均匀健壮。

目前，淡水鱼种培育生产上多采用草鱼、鲢鱼、鲤鱼（或鲫鱼）混养或青鱼、鳙鱼、鲫鱼（或鲤鱼）混养，效果较好（表4-13）。

3. 注意事项。在混养中必须注意下列几点：第一，生活在同一水层的鱼，要注意它们之间的搭配比例，如鲢鱼与鳙鱼、草鱼与青鱼之间的关系。一般鲢鱼、鳙鱼不同池混养，草鱼、青鱼不同池混养，因鲢鱼比鳙鱼、草鱼比青鱼争食力强，后者因得不到足够的饵料而成长不良。即使要混养也必须以前者为主养鱼，后者只许放少量，如鳙鱼在20％以下。第二，鱼种池的主养鱼应根据生产需要来确定，混养比例则按鱼的习性、投饵施肥情况以及各种鱼的出塘规格等来决定，一般主养鱼占60％左右。

表 4-13　江浙渔区夏花鱼种放养数量与出塘规格

种类	亩放养量（尾）	出塘规格	种类	亩放养量（尾）	出塘规格	亩放养总数（尾）
			主体鱼		配种鱼	
草鱼	2 000	50～100 克	鲢鱼	1 000	100～125 克	4 000
			鲤鱼	1 000	13～15 厘米	
	5 000	13.3 厘米	鲢鱼	2 000	50 克	8 000
			鲤鱼	1 000	12～13 厘米	
	8 000	12～13 厘米	鲢鱼	3 000	13～17 厘米	11 000
	10 000	10～12 厘米	鲢鱼	5 000	12～13 厘米	15 000
青鱼	3 000	50～100 克	鳙鱼	2 500	13～15 厘米	5 500
	6 000	13 厘米		800	125～150 克	6 800
	10 000	10～12 厘米		4 000	12～13 厘米	14 000
鲢鱼	5 000	13～15 厘米	草鱼	1 500	50～100 克	7 000
			鳙鱼	500	15～17 厘米	
	10 000	12～13 厘米	团头鲂	2 000	10～13 厘米	12 000
	15 000	10～12 厘米	草鱼	5 000	13～15 厘米	20 000
鳙鱼	5 000	13～15 厘米	草鱼	2 000	50～100 克	7 000
	8 000	12～13 厘米		3 000	17 厘米左右	11 000
	12 000	10～12 厘米		5 000	15 厘米左右	17 000
鲤鱼	5 000	12 厘米以上	鳙鱼	4 000	12～13 厘米	10 000
			草鱼	1 000	50 克左右	
团头鲂	5 000	12～13 厘米	鲢鱼	4 000	13 厘米以上	9 000
	10 000	10 厘米左右	鳙鱼	1 000	13～15 厘米	11 000

（四）放养密度

　　夏花放养的密度主要依据食用鱼水体所要求的鱼种放养规格而定。根据饲养成鱼水体的放养计划而制订夏花鱼种的放养收获计划。鱼种出塘规格取决于主体鱼和配养鱼的放养密度，鱼的种类，池塘条件、饵料、肥料供应情况和饲养管理措施。同样的出塘规格，鲢鱼、鳙鱼的放养量可较草鱼、青鱼大些，鲢鱼可较鳙鱼大些。池塘面积大，水较深，可增加放养量。各种鱼的生长规格，既受池鱼总密度的影响，又受本身群体密度的影响。因此，总密度相同，而混养比例不同时则生长也不一样，通过调节混养比例，可以控制出塘规格。

池塘条件好，饵料和肥料充足，养鱼技术水平高，配套设施较好，就可以增加放养量；反之，减少放养量。

参考文献

戈贤平.2012.大宗淡水鱼安全生产技术指南.北京：中国农业出版社.

雷慧僧，薛镇宇，王武.2006.池塘养鱼新技术.北京：金盾出版社.

刘焕亮.2000.水产养殖学概论.青岛：青岛出版社.

毛洪顺.2011.鲑鳟、鲟鱼健康养殖实用新技术.青岛：海洋出版社.

申玉春.2008.鱼类增养殖学.北京：中国农业出版社.

占家智，羊茜.2012.淡水鱼高效养殖技术.北京：化学工业出版社.

张根玉，薛镇宇.2009.淡水养鱼高产新技术.北京：金盾出版社.

单元自测

1. 如何鉴别鱼苗、鱼种质量？
2. 影响鱼类苗种运输成活率的因素有哪些？
3. 鱼苗下塘应注意哪些问题？下塘应如何操作？
4. 鱼种放养时应注意哪些问题？
5. 鱼苗培育期，对饵料投喂有哪些要求？

技能训练指导

熟蛋黄投喂鱼苗

（一）目的和要求

了解鱼苗下塘前投喂熟蛋黄的目的，掌握投喂熟蛋黄的方法。

（二）材料和工具

鸡蛋或鸭蛋若干、双层纱布等。

（三）实训方法

1. 投喂量计算。一般每 10 万尾鱼苗喂食 1 个鸡（鸭）蛋黄。

2. 煮蛋。将鸡蛋或鸭蛋放在沸水中煮 1 小时以上，越老越好，以蛋白起泡者为佳。

3. 制蛋黄水。取出蛋黄，用双层纱布包裹后，在盆内漂洗出蛋黄水。

4. 喂食鱼苗。将蛋黄水均匀泼洒入鱼苗暂养箱内，待鱼苗饱食，肉眼可见鱼体内有一条白线后，方可下塘。

学习笔记

模块五

成鱼养殖技术

1 放养模式

随着生活水平的日益提高，人们对水产品的消费需求日益突出，水产养殖业特别是淡水鱼养殖迎来了前所未有的机遇，养殖户应该选择合理的放养模式，利用科学的养殖方法，积极的提高产量，创造更高的经济效益。

我国淡水鱼品种繁多，可供人工养殖的品种也不在少数，根据鱼的不同习性，将池塘内不同品种、不同规格的鱼种按不同的数量进行搭配组合即为放养模式。

确定放养模式的原则

放养模式的确定，主要依据以下几个原则：

（1）根据鲢鱼、鳙鱼滤食性的特点，合理的考虑池塘内滤食性鱼类（鲢鱼、鳙鱼、匙吻鲟等）的放养量，既可以充分利用水体中浮游生物，创造额外的经济效益，也可以调节水质，为主养鱼的生长创造良好的条件。

（2）在充分发挥池塘容量的基础上合理考虑放养密度，不建议盲目地追求高密度养殖，应综合考虑池塘条件，合理密养。

（3）在充分调研当地鱼类消费市场及近两年鱼类放养模式的基础上，根据各地消费鱼的习惯，对商品鱼上市的规格、时间和品种要求等，合理选择放养品种及规格，轮捕轮放，创造高效益。

（4）利用肉食性鱼类摄食弱、病、残的特点，套养部分肉食性鱼类，如翘嘴红鲌、鳜鱼、加州鲈等，可以有效控制野杂鱼，而且不用额外进行管理，这些鱼的经济价值也比较高，可提高经济效益。

（5）根据近段时期鱼类的发病情况确定放养品种，发病厉害且治疗困难的品种应少养或不养。比如：近两年江苏盐城异育银鲫发生"鳃出血病"，75克以上的鲫鱼即可发病，此病来势猛，死亡率高且无有效治疗措施，很多养殖户改养其他品种。

确定放养模式的依据

水产品的价格依据市场需求的走势而变化，养殖户应根据市场需求合理选择养殖品种。目前我们比较常见的养殖品种有鲫鱼、草鱼、鲤鱼、团头鲂、罗非鱼、淡水白鲳等，滤食性品种有鲢鱼、鳙鱼、匙吻鲟等。一般来说，他们都可以在池塘内作为主养品种或套养品种。但养殖户在选择时要考虑市场销售、养殖利润、水质、气候、养殖技术熟悉与否等情况来综合判断。

不同品种的鱼，使用不同厂家、不同档次的饲料生长速度会有很大的差异。同一种鱼，相同规格，在不同的时间销售价格往往会有很大的差异，养殖利润也会不同。鱼种投放前应计划好商品鱼的上市时间和规格，再根据厂家提供的不同饲料对不同鱼的生长速度和以往的经验来确定放养规格。养殖过程中最好能够经常打样称重，及时掌握鱼的长势情况，价位合适时适当出售部分商品鱼，轮捕轮放，提高经济效益。

池塘产量要根据池塘的面积、深度，水、电路配套情况及养殖水平来定。切不可盲目提高放养量，一则容易"泛塘"，二则会造成鱼长势缓慢，预期时间内达不到上市规格。

2 鱼种投放

池塘准备

池塘水深最好在 1.8～2.0 米。

水温 20～25℃时，提前 5～7 天对池塘进行培肥或淹青。可在池塘内种小米草，种草面积占池塘面积的 1/3 或全池留桩 40 厘米。考虑到水质难以控制，不提倡全池种草淹青。可用堆肥的方法培水，堆肥材料用蚕豆梗或蒿草效果均不错，也可以使用小米草。将堆肥材料扎成捆，在池塘四角摆放即可。可在每捆堆肥内放 0.5 千克左右碳酸氢钙，以加快堆肥的腐烂速度，一般 2～3 天就可以培育出大量的浮游动物。

投放鱼种

不建议高密度投放。建议每亩控制所有品种总量在 1 万尾左右，最高不能超过 1.5 万尾，对提高鱼种成活率和生长速度均有意义。只要投喂量和方法适当，草鱼和鳊鱼鱼种的规格很容易达到 100 克/尾以上，鲫鱼规格达到 50 克以上，完全不必担心年底产量过低的问题。

寸片下塘时候要注意调节氧气袋内水温和池塘水温的差异，将氧气袋放在鱼塘中浸泡 10～15 分钟，待水温基本差不多后放苗，以免感冒。

主养鱼先放，套养鱼迟 10～20 天后再放。如果塘口不够周转，只能按出苗的先后投放。但一定要注意水质的培育，可以通过补充有机肥来保证后面投放的鱼苗下塘时仍有充足的饵料。

有的地方尝试先放鳙鱼，暂不放鲢鱼，鲢鱼苗到 8 月份中旬左右再投放，在尾数相同的情况下，可以在不影响鲢鱼种产量及规格的前提下提高鳙鱼的产量和规格。

3 饵料投喂

饵料数量的确定

（一）全年饵料计划和各月的分配

为了做到池塘养鱼稳产高产，保证饵料及时供应，均匀投喂，就必须在年终规划好第二年全年的投饵计划。首先应根据放养量和规格，确定各种鱼的计划增肉倍数，再考虑成活率确定计划净产量；然后结合饵料系数规划好全年投饵量。例如某养殖场有食用鱼养殖池100亩，平均每亩放养草鱼48千克，计划净增肉倍数为5，即每亩净产草鱼48×5＝240千克，颗粒饵料的饵料系数以2.5计，旱草的饵料系数以35计，并规定旱草投喂量应占草鱼净增肉需要的2/3，则全年计划总需草量为240×2/3×35×100＝560 000千克。颗粒饵料全年计划总需要量为240×1/3×2.5×100＝20 000千克。青鱼、鲤鱼等鱼的全年总投饵量也可依此方法计算。一年中各月饵料的分配计划，主要根据各月的水温、鱼类生长情况以及饵料供应情况来制订。

（二）每天投饵量的确定

每天的实际投饵量还要根据季节、水色、天气和鱼类摄食情况而定。这里主要介绍按季节投饵的情况。

鱼的摄食量及其代谢强度随水温变化而变化，常根据各种鱼类生长情况以及鱼病流行情况来确定不同季节的投饵量。冬季或早春的气温和水温均较低，鱼类摄食量少，但在晴天无风气温升高时，须投喂少量精饲料，以供鱼体活动所需能量消耗，使鱼不至于落膘。糟麸类易消化，对刚开食的鱼有利。但刚开食时应避免大量投饵，防止鱼类摄食过量而死亡。水温回升到15℃左右，投饵量可逐渐增加，并可投喂嫩旱草、麦叶、菜叶和莴苣叶等。"谷雨"到"立夏"（4月中旬到5月上旬）是鱼病较为严重的季节，应适当控制投饵量，并保证饵料的新鲜、适口和均匀。水温由25℃逐渐升高到30℃左右，鱼类食欲增大，可大量投饵，尤其是水草、旱草，此时数量多质量好，加上水质较清新，应狠抓草鱼投喂，务必使大部分大规格草鱼在6～9月达到上市规格。这样既可降低草鱼的密度，使小规格草鱼能迅速生长，也可减轻"浮头"的程度。9月上旬以后，水温在27～30℃，而且螺、蚬来源较充裕，应狠抓青鱼吃食，促使青鱼迅速生长。但要避免吃夜食，还要经常加注新水。9月下旬以后，气候正常，鱼病也较少，可大量投饵，日夜吃食，以促进所有养殖鱼类增重，这对提高产量有很大作用。10月下旬以后，水温日渐下降，仍应适量投喂，不使鱼落膘。总之，一年之中，投饵应掌握"早开食，晚停食，抓中间，带两头"的投喂规律。

如果草类、贝类等天然饵料供应不能满足草鱼、团头鲂、鲤鱼、青鱼等的需要，或放养鲫鱼、鲮鱼、罗非鱼数量较多，就要增加商品饲料的数量，投喂商品饵料的规律与投喂天然饵料相似。

■ 饵料投喂技巧

（一）少吃多餐

也就是在不增加饵料的情况下将每天的饲料分多次投喂。如用配合饵料喂鱼，最好适当增加一天之中的投饵次数，提高饵料利用率。4月份每天投饵1～2次，5月份每天3次（09:00、13:00、16:00），6～9月份每天4次（09:00、12:00、14:00、16:00），10月份每天3次，11月份每天1～2次（即一天的投饵量分成上述次数投喂）。有条件的可以用自动投饵机控制，每天5～8次。

（二）"三看""四定"

"三看"，即看水色、看天气、看鱼群的活动情况投喂饵料。"四定"，即定时、定点、定质、定量投喂饵料。

（三）抓两头带中间

"白露"前后是鱼发病的高峰期，在这段时期要控制投喂量，以降低死亡率。鱼种的投喂季节性比较明显，比成鱼要长，可以一直喂到打霜，根本不用担心鱼种规格达不到要求的问题。

（四）饲料投喂量的增加必须缓慢

每3～5天增加5%左右，缓慢以防止肠炎的发生。

（五）停食一定要晚

最少要喂到打霜，这样不仅能充分利用有限的生长季节，提高产量，而且养出来的鱼种体质好，来年养殖的成活率高。

4 水质管理

主要水质因子

（一）溶氧量

水中的溶解氧是养殖鱼类赖以生存的必要条件之一。据观察测定，当水中溶氧量达到 2 毫克/升以上时，鱼类生长正常，对饲料的消化吸收较好，饲料系数也较低；当溶氧量降至 1.6 毫克/升以下时，鱼摄食量减少，饲料系数比在 2 毫克/升以上时约高一倍；当降至 1.1 毫克/升，水中溶氧量不足，鱼的呼吸频率加快，并出现"浮头"现象；降至 0.8 毫克/升以下时，开始窒息死亡。

增加水中的溶氧量，特别是水底层的溶氧量，对促进淤泥中有机物的分解，加速池塘的物质循环，减少有机酸、氨、硫化氢等有害的中间产物积累以及促进饲料生物的生长繁殖有重要作用。

池塘溶氧量的分布、变化十分复杂，主要是受增氧和耗氧因子所制约，特别是高产鱼池，营养很丰富，浮游生物和放养鱼类比较密集，增氧和耗氧都很大，因此溶氧量很不稳定，呈昼夜变化、垂直变化和水平变化现象。

1. 昼夜变化。浮游植物的光合作用是池塘中氧的主要来源，一般占氧来源的56%～80%。其余来自风力吹起波浪，使空气中氧直接溶解入水中。

氧的消耗，包括鱼类、浮游生物、底栖生物、细菌的呼吸，悬浮或溶解有机物、粪便、残饵及底部淤泥等的发酵分解等。

溶解氧的昼夜变化，以中午最高，清晨最低。

在一般情况下，"水呼吸"（包括浮游动物、浮游植物、细菌的呼吸，溶解在水中的粪便、残饵有机物的发酵分解）耗氧占60%～65%，底质（包括底栖生物、腐殖质等）耗氧占15%～20%，鱼呼吸占 20%～25%。

2. 垂直变化。池塘溶氧量的垂直变化，受水的透明度及浮游植物分布的影响。由于上层水的光照度比底层强，浮游植物比底层多，形成各水层光合作用产氧的差异。表层水溶氧量高，底层水溶氧量低。为了改善底层水的溶氧量条件，在中午开动增氧机搅拌池水，对促使各种水层溶解氧的均匀分布将起到良好作用。

3. 水平变化。因水受风力的影响，使下风处浮游植物量比上风处大，故白天光合作用产氧量要比上风处多，而夜间耗氧则强于上风处，故鱼类"浮头"，一般都趋向上风面。

4. 季节变化。因气候和浮游植物量的季节变化，使水中的溶氧量在一年中最高、最低量，都出现在夏、秋季节。夏、秋季水温高，浮游植物相对比冬、春季多，故光合作用产氧也高。但引起各耗氧因子呼吸和发酵耗氧相对也加强，使池塘水在清晨溶氧量降到最低点。故夏、秋季的溶氧量昼夜差较大，在冬、春季节差异则不明显。

（二）水温

鱼类是变温动物，它的体温随水温而变动。故水温对鱼类生活和生存有直接影响。因此，根据水温状况进行合理的投饵和管理工作是十分重要的。

各种鱼类对水温的适应性有差异，如鳙鱼在月平均水温 30℃ 以上的 7～9 月份生长最快，在月平均水温为 20℃ 以下的其他养殖月份生长慢；鲢鱼、草鱼也以高温月份生长最快，但在低温月份，当寒潮过后水温回升时，生长仍基本正常。热带、亚热带鱼类如罗非鱼御寒力差，当水温降到 10℃ 时常被冻死，当到了秋、冬季，要及时收获。冷水鱼、亚冷水鱼如匙吻鲟最适生长水温 20～28℃，高温时生长受到影响。

（三）酸碱度

一般养殖鱼类适应于 pH 为 7.5～8.5 的微碱性水中生活。

（四）有机物耗氧量

有机物耗氧量是水质肥瘦的标志。一般来说，水中耗氧量越高，有机物也越多。但有机物含量过多，则对池水的溶解氧情况不利。

不同鱼类对耗氧量有不同的适应程度。鲢鱼、鳙鱼以浮游生物为食饵，能适应于较肥沃的水中生活。草鱼以水生植物为主要食饵，要求水质一般较清瘦。成鱼塘有机物耗氧量为 15～36 毫克/升。

向池塘中投饵施肥，可提高有机物耗氧量。为了提高水中肥分而不致溶氧量急剧下降，投饵施肥最好采取"次多量少"的原则，以免发生鱼类严重缺氧死亡。

（五）总硬度

总硬度是水中中钙、镁与弱酸、强酸结合的量。硬度较高的水，能促进鱼体骨骼的正常生长，增强鱼类对饲料的消化吸收和浮游植物的生长繁殖。适合的硬度是 5～8。

（六）初级生产力

初级生产力主要指浮游植物的生产力。它利用太阳能进行光合作用，是水体各种生产力的基础，对养殖生产的影响很大。

（七）亚硝酸盐

亚硝酸盐是氮元素在自然循环过程中的产物之一。一般在养殖水体中，氮元素主要有以下几种形态：有机氮和氨态氮（$NH_3 - N$）。氨化作用即由氨化细菌或真菌的作用将有机氮分解成为氨与氨化物，氨态氮在硝化作用下转化为硝酸盐氮，亚硝态氮是其中不稳定的中间形式，对鱼类有很强的毒性，在溶解氧充足时，亚硝酸盐可以发生硝化反应变成无毒的硝态氮，相反，在溶解氧不足时则可以产生反硝化反应，转变成氨氮。

一般在养殖过程中的 6～9 月份，底泥比较厚、施肥多的池塘投饵量（包括青饲料和颗粒饲料）大并且溶解氧不足时容易产生亚硝酸盐。

亚硝酸盐能导致养殖动物中毒，中毒机理是血液携带氧气的能力减弱，有时水中溶氧量并不低，但是，养殖动物还会出现"浮头"的症状。鱼类亚硝酸盐中毒后，一般可以呈现慢性中毒和急性中毒两种方式，慢性中毒会导致鱼类生长不明显，体表呈现不正常的色泽，活动力减弱，反应迟钝等。急性中毒和"浮头"很相似，都呈现缺氧症状，但是两者最大的区别是亚硝酸盐中毒在太阳出来后鱼还不下水，有时甚至整天都在水面活动，晴天也不例外。

■ 改善水质的主要措施

为提高鱼塘的产量，应当在现有条件下，对比较容易改变的各种限制因素，如多增氧，少耗氧，调整合适的硬度、酸碱度等，采取必要的有效措施，以充分发挥鱼塘的生产潜力，不断提高经济效益。

（一）及时加注新水

注水有改善水质和直接增氧的作用，是改善水质的重要措施之一。

凡高产的鱼塘，每月要求注水 5 次以上，当水质变浓，鱼的食欲不振，透明度小于 25 厘米，表示池水已变坏，就要及时注换部分新水。但需要注意的是：长期未加注新水的池塘，首次加注新水时不可进水过大，否则会将池底底泥搅动，底泥中的细菌、虫卵或被释放，在鱼体体质较弱时可能引起疾病的爆发。另鱼体体质不佳，如长期足量投喂高蛋白饵料导致肝脏负担较大时，此时鱼抗应激能力较弱，加注新水也需少量多次，否则会引起应激性死亡。

（二）合理使用增氧机增氧

增氧机具有增氧、搅水和曝气的作用，其制造的溶解氧为池塘溶解氧的来源之一，在某些情况下甚至扮演着"救命机器"的角色，因此高产鱼塘必须安装增氧机。实践证明晴天中午开增氧机能通过增氧机搅动，把表层过饱和的溶解氧与底层形成的氧债混合，增大池塘溶解氧的贮备量，对避免次日清晨鱼类缺氧"浮头"、加速底部有机物的分解、促进浮游生物生长及提高鱼类摄食有良好作用。使用增氧机改善水质，是实现养鱼高产的有效途径。

（三）保持适当的面积和水深

有数据表明，水中部分溶解氧来自空气中氧的溶入。因此，适当扩大池塘面积，合理设计池塘方位，以加强风力引起波浪，对加速空气中氧的直接溶解是有利的。

（四）保持合理的淤泥深度

淤泥是池塘中营养物质的储备系统，主要由死亡的生物体、粪便、残饵和有机肥料等不断沉积及泥沙的混合而成。池底淤泥10～25厘米为好，过多的淤泥会导致池塘底部耗氧较多，而池底长期的缺氧及酸化状态，导致细菌繁殖迅速，某些时候会被释放出来，引起疾病。一旦池塘淤泥沉积较多时，需要使用清淤机进行清理。

（五）合理施用生石灰

施用生石灰是提高池水总硬度、中和酸性和稳定 pH 的有效方法，也是治疗某些细菌性疾病的良好药物，同时还可以为甲壳类生物补充钙质。使用生石灰时，需要将石灰块放入水中，趁热时泼洒，调节水质时，每亩可用 25～30 千克，清塘时，则可用到 250～400千克。

（六）合理投饵

养殖户存在急功近利的心理，为了让鱼生长速度加快，可能会盲目加大饵料的投喂量。不能被鱼摄食利用的饵料会沉入水底，因其营养丰富，在池底会滋生大量的细菌。当夏季暴雨时，因为水温不同上、下水层发生对流，引起底泥上翻，大量有害物质被释放，破坏水质。另外所投喂的饵料应该有合理的蛋白质配比，蛋白质过高或者过低对养殖动物都不利。

（七）施微生态制剂

利用光合细菌、芽孢杆菌、乳酸菌等不同细菌的生理特性，对池塘水环境进行各种处理，以改善水质环境。

1. 光合细菌。光合细菌（PSB）是一类以光为能源、在厌氧光照或好氧黑暗条件下利用自然界中有机物、硫化物、氨等作为供氢体兼碳源进行光合作用的微生物的总称，广泛分布于自然界各处。

光合细菌在有光照缺氧的环境中能进行光合作用，利用光能进行光合作用，利用光能同化二氧化碳，与绿色植物不同的是，它们的光合作用是不产氧的，在自身的同化代谢过程中，又完成了产氢、固氮、分解有机物三个自然界物质循环中极为重要的化学过程。这些独特的生理特性使它们在生态系统中的地位显得极为重要。

在水产养殖中运用的光合细菌主要是光能异养型红螺菌科中的一些品种，例如沼泽红假单胞菌。光合细菌的菌体以有机酸、氨基酸、氨等有机物和硫化氢作为供氧体，通过光合磷酸化获得能量，在水中光照条件下可直接利用降解有机质和硫化氢并使自身得以增殖，同时净化了水体。

光合细菌可进行光合成、有氧呼吸、固氮、固碳等生理机能，且富含蛋白质、维生素、促生长因子、免疫因子等营养成分，在功能上可与抗生素相媲美，且更具有安全性。光合细菌制剂还具有独特的抗病、促生长功能，大大提高了生产性能，其在净化水质、鱼虾养殖等方面有着广阔的应用前景。

使用方法：①水体喷洒。水体喷洒应用于改良水质、防治鱼病和培养优良藻类等方面。选择晴天上午或下午，将光合细菌用池水稀释后，全池均匀泼洒，每亩施用量为 1.5～3.0 千克。施光合细菌的次数根据水质情况确定，水质好可每隔 15 天施一次；水质较肥，水质较差，特别是饲养后期的高产池，应每隔 7～10 天施一次。②饲料添加。光合细菌作为饲料添加剂使用时，可将光合细菌菌液喷洒于饲料中拌匀即可，菌液用量为投喂饲料量的 1%，现配现用。

小常识

使用光合细菌的窍门

（1）光合细菌可在鱼苗池、鱼种池、成鱼池、亲鱼池、垂钓池和越冬池使用。

（2）如果水体已使用消毒剂，应在 48 小时以后再使用光合细菌。实际上，坚持使用光合细菌，比频繁使用消毒剂效果要好得多。

（3）光合细菌与粪肥配合使用效果更直接、更明显，特别是在鱼苗、鱼种培育池使用，增产增效特别显著。

（4）扩繁好的光合细菌应尽早使用，常温贮存不宜超 6 个月。

（5）光合细菌禁止使用金属容器存放。

2. 芽孢杆菌。芽孢杆菌是能形成芽孢（内生孢子）的杆菌或球菌。它们对外界有害因子抵抗力强，分布广，存在于土壤、水、空气以及动物肠道等处。枯草芽孢杆菌分解、转化和适应能力强，对养殖生物和人体无害，因而目前被大量地应用于水产养殖中。

（1）使用特性。枯草芽孢杆菌是农业部正式批准使用的益生菌，具有菌种单一、对抗生素无耐药性及对水产动物无毒性等特点。作为益生菌其特性为：①耐酸、耐盐、耐高温（100℃）及耐挤压。②在小肠内不增殖，在肠道的上段迅速发展成具有新陈代谢作用的营养型细胞，参与菌群的平衡调节。③提高短链脂肪酸含量，降低肠道 pH 及氨浓度。④繁殖过程中产酸、酶和多种维生素。

（2）作用机制。①能产生抗弧菌和酵母菌的活性物质，对鱼类嗜水气单胞菌、细菌性败血病病菌、金黄色葡萄球菌有强烈的抑制作用。②繁殖过程中分泌大量的蛋白酶、脂肪酶和淀粉酶，能补充机体内原酶的不足，提高饲料的降解和吸收速率，促进水产动物消化。③大量好氧，形成肠道厌氧环境，有益于乳酸菌等有益菌增殖，完善肠道生物屏障的作用，抵抗病原菌的定植和侵害。④主要成分葡聚糖能发挥免疫刺激物的作用，提高鱼类的非特异性免疫功能。

（3）作用方式。①饲料添加剂。由于枯草芽孢杆菌能耐受饲料制作过程中的高温高压，保持良好的稳定性和生物活性，因此，当前以饲料添加剂在水产养殖中的应用较多。枯草芽孢杆菌的防病能力源于对养殖对象体内微生态环境的改善和机体免疫力的提高。②水质改良剂。枯草芽孢杆菌能大量消耗水体中的有机质，将其分解为小分子有机酸、氨基酸及氨，改善水质，为单胞藻提供营养，还可使氨浓度降低，净化水质。在水体中使用枯草芽孢杆菌制剂后，对养殖水体的溶氧量和 pH 无明显影响，但对氨氮、亚硝酸盐和硫化物均有大幅度降低。

❗ 温馨提示

使用芽孢杆菌注意事项

（1）枯草芽孢杆菌虽然能够净水防病，但它并非能防止所有病害的发生，养殖者应密切关注水体状况，以多种手段综合防治。

（2）枯草芽孢杆菌并非用的越多越好，因为它是一种好氧菌，过量使用会造成水体缺氧，引发养殖水产品因缺氧而死亡。

（3）使用枯草芽孢杆菌前应先在水中使菌体活化数小时后再泼洒，因为产品中的细胞均以芽孢状态存在，处于休眠状态，不具备代谢能力，如果直接投入会效果缓慢且不显著；经过活化的芽孢杆菌投入水体后，代谢旺盛，能在池塘中迅速增殖，分解大量有机质，效果显著。

（4）枯草芽孢杆菌不要与杀菌剂一同使用。否则枯草芽孢杆菌会被杀死，起不到净水作用。根据水体状况、养殖密度及天气情况，结合增氧设备，既能保证水体得以净化，又能保证鱼类的正常活动。

（5）芽孢杆菌大多为强好氧菌，使用时需注意增氧。使用前最好进行增氧，使用后继续开动增氧机2小时。其剂型有水剂及粉剂，使用方法也不尽相同。粉剂的芽孢杆菌产品因其以芽孢形式存在，使用前需进行活化，方法是与红糖水一起浸泡，此过程也需增氧。

3. 乳酸菌。乳酸菌是一群能从可发酵性糖类中产生大量乳酸的革兰氏阳性菌的通称，广泛存在于人、畜、禽肠道，许多食品、物料及少数临床样品中。乳酸菌不仅可以提高食品的营养价值，改善食品风味，提高食品保藏性和附加值，而且，近年来乳酸菌的特殊生理活性和营养功能，正日益引起人们的重视。

（1）生理特性。乳酸菌指发酵糖类主要产物为乳酸的一类无芽孢、革兰氏染色阳性细菌的总称，形态、代谢性能和生理学特征不完全相同。细胞形态多为杆状或球状，不生产孢子，不运动或少运动，不耐高温，但耐酸，在 pH 3.0～4.5 时仍可生长，对胃中的酸性环境有一定的耐受性，营养要求严格，除了糖类，还需要多种氨基酸、维生素和肽等。

（2）作用机制。①抑菌机制。细菌在动物肠道内定居和继续生存的因素，包括胃酸、胆盐、消化酶、免疫反应、内源微生物及其产生的抗生素。这些因素中任何一个因素的改变都会导致细菌活的超氧化物歧化酶（SOD），能增强体液免疫和细胞免疫。乳酸菌的抑菌机制正是它的生化特性改变了致病菌的生存环境和生长机制，从而达到抑菌的效果。②营养机制。乳酸菌在动物体内正常发挥代谢活性，就能直接为宿主提供各种可利用的必需氨基酸和各种维生素及消化酶（如淀粉酶、蛋白酶和纤维素酶等）等，还可提高矿物质（如钙、磷、铁和镁）的消化率和吸收率，从而增强动物的营养代谢，促进动物机体的生长和生产。此外，乳酸菌产生的酸性代谢产物使肠道环境偏酸性，而一般消化酶的最适 pH 为酸性（淀粉酶 pH 6.5，糖化酶 pH 4.4），有利于营养素的消化吸收，有机酸的产生还可加强肠道的蠕动和分泌，促进养分的消化吸收。③中和毒素，防止腐败产物的产生。某些细菌能中和或减少内毒素等有害物质的毒害作用。目前发现，双歧杆菌可防止肠内容物产生氨，蜡样芽孢杆菌可降低肠内容物和肝脏门静脉中血氨的浓度，使酚类和吲哚等有害物质减少。

乳酸菌的保健和治疗功效

1. 改善胃肠道功能，降低动物胃肠道疾病的发生率。乳酸菌是肠道的优势菌，畜禽服用后，通过发酵产酸可改变胃肠道内环境，抑制有害菌的繁殖，调整胃肠道菌群的平衡。也可通过其产生的黏附素与肠黏膜细胞紧密结合，在肠黏膜表面定植占位，成为生理屏障的主要部分，从而达到恢复宿主抵抗力、修复肠道细菌屏障和治疗肠道疾病的作用。

2. 提高动物免疫力，增进动物健康。乳酸菌在动物体内通过刺激动物机体的非特异性免疫应答和特异性免疫应答，诱导产生干扰素、促进细胞分裂、产生抗体及促进细胞免疫，提高机体的抗病能力。

3. 促进动物生产，提高饲料利用率。乳酸菌在动物体内自身代谢产生各种营养物质提供给宿主，如各种维生素、必需氨基酸及各种消化酶，从而增强动物的营养代谢，促进动物机体的生长和生产，同时乳酸菌可降低肠道 pH，其偏酸性利于各种酶活性的发挥，利于营养素的消化吸收及降低饲养成本。

4. 硝化细菌。硝化细菌制剂是一种用于控制养殖池水自生氨浓度的处理剂，不仅使用相当方便，而且能发挥立竿见影的效果，故越来越受到渔民朋友的欢迎。使用时可直接将该剂散布于池中，不久即能发挥除氨的功效。

市售硝化细菌制剂可分为活菌及休眠菌两种，养殖者可依自己的需要选购使用。前者是利用细菌的活体制成，在显微镜的观察下，可看到它们的活动情形。后者是利用休眠菌制成，在显微镜的观察中，则无法看到它们具有活动能力。

选择活菌的好处是除氨效果迅速，最适用于氨浓度过高的紧急情况。但是因活菌对氧气的要求十分严格，尤其是硝酸菌属的细菌只能在有充分氧气存在下才能生存，正因为如此，要将活菌保存并制成产品，常有保存上的困难，所以在购买这类产品时，要特别注意它的有效使用期限，如果使用过期产品，就除氨的观点而言，是没有什么效率的。

⚠ 温馨提示

硝化细菌使用注意事项

1. 勿与消毒杀菌药剂同时使用。如果使用了杀菌药剂或治疗鱼病的药剂，需等药物使用至少一周以上再使用硝化细菌。

2. 要注意使用时的水体温度。在硝化细菌使用过程中，如能有效控制在最适宜的水温条件下，其发挥的效果是最理想的。

3. 要注意调整适合细菌生长的 pH。在硝化细菌的使用过程中，必须注意水质酸碱度的变化。例如，淡水硝化细菌在水质酸碱度为中性时效果最佳，在酸性水质中效果最差。因此若能将养殖水体的水质调整至中性或弱碱性，它的使用效果会好一些。

4. 要注意细菌之间的共容性。若要同时投放不同的净水细菌应该注意细菌之间的共容性。例如，硝化细菌和光合细菌并不适合同时使用，因为它们净化水质的过程互有抑制作用，可能会降低其净化效果。

5. EM 菌。EM 菌为有效微生物群的英文缩写，由光合细菌、乳酸菌、酵母菌、芽孢杆菌、醋酸菌、双歧杆菌、放线菌七大类微生物中的 10 属 80 种微生物共生共荣，这些微生物能非常有效地分解有机物。只要使用恰当，它就会与其他良性力量迅速结合，产生抗氧化物质，消除氧化物质，消除腐败，抑制病原菌，形成良好的生态环境。

以池塘养鱼为例，先要进行水质净化，在放养前一天，用 100 倍的 EM 菌液稀释液泼洒水面，以后每 15 天泼洒一次，具体视水质情况调整泼洒次数，下雨时泼洒效果最佳，每亩用 EM 菌液 1 千克。可用 200 倍 EM 菌液稀释液进行鱼饲料处理，如喷洒在颗粒饲料上，以喷湿为度，即喷即用。

EM 菌液为酸味略带醇甜香的褐色半透明液体，必须注意初开瓶时气味，若气味有变化（出现异味、只酸不香或只甜不酸，没有酒曲香味）即为变质，就不能使用，若容器底部稍混浊及上部浮有少量白色物质均属正常。用后应立即盖紧瓶盖，保持密封。

EM 菌液应存放在避光凉爽的地方，适宜温度为 5～45℃，超出这个范围，有些菌种的活力会受影响，应适当增加用量。EM 菌液保质期 6 个月，若保管得好（未开瓶或者不发生异味），6 个月以后仍可一直使用，只是活性有所降低，必须适当加大用量。

使用 EM 菌液时所用清水必须是洁净的井水或河水，因自来水中含有漂白粉，须放置一昼夜后才能使用。使用 EM 菌液 12 小时后，应注意池塘溶解氧情况，防止缺氧"浮头"。

小常识

使用微生态制剂的要点

1. 坚持定期使用的原则。一要尽早使用，通过先入菌的大量繁殖，形成优势种群，这样可以减少或阻碍病原菌的定居；二要长期使用，微生物制剂的预防效果好于治疗效果，其作用发挥较慢，故应长期使用方能达到预期的效果。

2. 不同制剂采用不同方法使用。有些微生物制剂可全池泼洒，有的可作为饲料添加剂，有的可与其他物质混合使用，要选择好投放时间。如光合细菌最好和沸石粉混合使用，不仅能将光合细菌迅速沉降到底部，还能起到吸附氨的作用；而硝化细菌和沸石粉混合使用，硝化细菌能快速沉入水底，换水时不容易被排走。芽孢杆菌是好气菌，当养殖水体中溶解氧高时繁殖速度加快，因此泼洒的同时要尽量开动增氧机或在有风的天气时使用。光合细菌在水质较肥时施用，可促进细菌及有机物的转化，避免有害物质积累。

3. 禁止与抗生素、消毒杀菌药或具有抗菌作用的中草药同时使用。如光合细菌作为活菌，药物对它有杀灭作用，水体使用消毒剂5天后才可使用，使用抗生素2天后才能使用。硝化细菌不可与化学增氧剂合用，如过氧化钙等，这些物质在水中分解出氧化性较强的氧原子，会杀死硝化细菌，所以最好间隔2天后使用。

4. 施用时注意菌体活力和菌体数量。微生物制剂必须含有一定量的活菌，一般要求每毫升含3亿个以上的活菌体，且活力要强。同时，注意制剂的保存期，大量实验证明，随着制剂保存期的延长，活菌数量逐渐减少，即意味着其作用越来越小，故保存期不宜过长。还要注意一些不利因素的影响，如温度、pH等，且打开包装后尽快使用。

5 鱼病防治

俗话说："养鱼不瘟，富得发昏"。虽然我国的淡水养殖量为世界第一，但是鱼病防治仍是提高鱼产量方面一个非常大的制约因素，是养殖方面很重要的一个环节，直接关系到养殖的成败。因此鱼病的发现、预防、治疗都是非常重要的。鱼病防治应始终贯彻"以防为主，无病早防，有病早治"的方针。

鱼类发病的原因

认识鱼类致病的原因，有利于我们自觉采取全面预防措施，做好预防工作，也有利于正确诊断鱼病，对症下药治疗，提高预防治疗效果。鱼类致病原因较多，有自然条件、人为因素、生物因素，也有鱼类本身存在的原因。主要有以下几点。

（一）自然因素

在养殖过程中引起养殖对象的环境应激因素如下。

1. 水质变化。影响水质的因素，主要为生物的活动、水源、人为施药、底质及气候的变化，鱼对池水的 pH 虽有较大的适应范围，但以 7.0~8.5 为好，如低于 5 或超过 9.5 就会引起鱼的疾病，甚至死亡。另外，底质污泥中含大量的营养物质，通过细菌分解，不断向水中释放，对水质的影响很大。鱼病治疗时施用的消毒剂，在治疗鱼病的同时会部分杀死水中的藻类，影响水质稳定。在施药时，切忌盲目加大用量。

2. 水温变化。鱼是变温动物，体温随环境温度的改变而改变，短期内水温的突然升降会导致鱼无法适应而发生病理变化。鱼在不同的生长时期对水温变化的适应性也不同，鱼苗阶段水温突然变化不可超过 2℃，鱼种阶段不超过 4℃，成鱼阶段不超过 5℃，温差过大，会导致应激反应发生，引起养殖动物生病、死亡。

3. 溶解氧变化。水中溶解氧的高低对鱼的生长过程有着直接影响，溶氧量接近或低于 1 毫克/升时，鱼就会发生严重"浮头"，甚至死亡。如果短时间内不采取急救措施，就会造成全军覆灭。给生产带来不可估量的损失。而溶解氧过高又可能引起鱼苗患气泡病。

（二）人为因素

1. 放养密度大。一般来说，养殖密度高，环境的不稳定性大。随着放养密度的加大，在养殖过程中不断地投饵、施肥及用药使水体环境越来越差，易发生流行性疾病。

2. 饲养管理不当。人工投饵不科学，没有按照"四定"原则进行投喂，使鱼类饥饱不匀，也易发病。在施肥培育天然饵料的过程中，不同的施肥方法会产生不同效果，甚至引起水质恶化，导致鱼类生病、死亡。

3. 机械性损伤。在捕捞运输过程中操作不当，生殖季节的摩擦损伤等，受伤的鱼若未经消毒，下塘后极易被细菌和霉菌等感染，也会导致生病。

（三）生物因素

一般的鱼类疾病，多为水体环境差、抗病能力下降的情况下各种致病生物侵袭而致，这些使鱼致病的生物称为病原体，包括病毒、细菌、真菌、藻类、寄生虫等。此外，有些生物能直接吞食或危害鱼类，如水老鼠、小鸟、水蛇、凶猛鱼类、水生昆虫、水藻等，统称为敌害动物。

（四）化学物质引起的中毒

水中的有毒物质可以引起水生动物中毒，甚至全部死亡。有些还可在水生动物体内聚集而毒害人类，这些有毒物质一般来自于生产和生活所产生的废物、废气和废水及人为的施药。

水生动物受毒物的毒害作用主要通过三条途径：一为鳃的呼吸，中毒后功能消失，窒息而死。二是水生动物的身体和毒物接触后组织遭破坏，功能受影响。三是通过食物链或直接被摄食入体内，破坏新陈代谢的正常运行。有毒物质的毒性受环境中的许多理化因子的影响，如温度、pH、溶氧量、硬度、氨氮、亚硝酸盐、硫化氢以及有关的无机物和有机物的影响，不同种类及不同规格的水生动物，对有毒物质的敏感也不尽相同，一般早期发育阶段（胚胎及幼体）对有毒物质的敏感性是整个生命周期中最高的。

■ 鱼病的预防

（一）预防鱼病的特殊意义

鱼类的生活环境为水，它们的活动、摄食等不易被观察。鱼一旦生病，给诊断和治疗都带来一定困难。

家畜、家禽生病，可以采用灌服或注射药物等办法进行治疗。而对病鱼，特别是小鱼种尚无法采用这些方法。

在鱼类严重生病以后，病鱼已经没有食欲，即使是特效药，也无法进入鱼体内。对鱼类疾病，采用口服药物治疗，只限于尚未丧失食欲的病鱼。

用药物治疗，在鱼池、塘堰等小面积水体使用已有不少困难，而对水库等大面积水体就更难进行。

某些鱼病（如病毒性出血病、复口吸虫病）一旦发生，药物治疗就很难奏效。

（二）鱼病预防方法

鱼一旦到了活动不正常，病变发生时，会造成损失应该是在所难免的了，所以，合理地做好鱼病的预防是非常重要的。

1. 鱼病的预防应从水质的调节控制开始。养鱼先养水，一池好水对于鱼的健康生长太重要了，水质良好，不但可以为鲢鱼等提高充足优良的饵料，更可以给水体提供丰富的氧气，而氧气对于鱼的成活、池底废物的分解、整个池塘能量的流动都是至关重要的。水质调节的办法目前有，一是合理的鱼种搭配放养，充分利用鲢鱼、鳙鱼摄食浮游动植物的特性，合理搭配鲢鱼跟鳙鱼的比例，足量、多次施发酵的有机粪肥等。其次，利用微生态制剂进行调节。

2. 做好寄生虫病的预防。 鱼的寄生虫分很多种，但很少有寄生虫所有的寄生阶段都是在鱼体上，反倒是很多寄生阶段需要在水中通过一些腐殖质存活。因此，控制好水质是防治寄生虫病的一个前提。目前的防治方法可以选择外用药物。同时，虽然寄生虫很多时候是裸露在水体中的，但是需要吸食鱼体的血液生存的，因此，通过投喂药饵给鱼，将驱虫药输入鱼体血液从而被寄生虫吸食，这样间接的防治方法比大剂量泼洒杀虫药来得更直接和安全，因为外用杀虫药跟温度、水体肥度及使用品种的关系非常密切。在小剂量投喂药饵 3 天后，可以小剂量使用一次外用杀虫药，这样可杀灭寄生虫，对水质及鱼体的伤害也会减轻。

3. 细菌病的预防。 目前接触的鱼体病菌几乎均为条件致病菌，也就是鱼体受伤或者体弱时才容易感染。养殖户的预防方法是定期的泼洒消毒剂和内服抗生素。更好的细菌病的预防应该跟鱼体检查及周边地区发病情况联系起来。不同的季节，主要流行的疾病是不同的。在鱼容易受伤、水质容易恶化的季节，应该勤预防，比如鱼繁殖后、拉网后及周边大规模爆发出血病时。而平时可以适量使用消毒剂预防，但更主要的是需要通过饵料调控鱼的体质，选用合适的饵料，添加黄芪、免疫多糖等免疫增强剂，通过激发鱼体自身的免疫系统来抵御疾病，是健康养殖的保证。细菌的疫苗防治将是以后细菌病防治的趋势。

4. 病毒性疾病的预防。 病毒病的流行有着很强的季节性，比如草鱼出血病、鳜出血病、鲤春病毒病等。常规消毒剂可以杀灭病毒的不多，一般选用聚维酮碘。内服可以选用板蓝根加免疫多糖或者人用的病毒灵添加到饲料中。另外，一些弱毒疫苗也是病毒性疾病的有效防治办法，如草鱼出血病疫苗。

▌ 鱼病的诊断

（一）现场分析

1. 回顾饲养管理情况。 池塘鱼发病，常与饲养管理不善关系极大，如施肥量过大、商品饲料质量较差、投喂饲料过多等，容易引起水质恶化，产生缺氧引起死亡。反之，如果水质较瘦，饵料不足，也会引起萎缩病、跑马病等。由于拉网和其他操作不慎，也很容易使鱼体受伤引起鱼种发病。因此，在鱼塘发病时首先需要弄清楚的就是最近的投饲情况、水质变化情况、用药情况及周边鱼塘发病情况等。

2. 观察鱼类在池中活动情况。经常在料台观察池鱼，主要观察内容有：吃食情况，鱼体是否有红斑、是否有锚头鳋，是否有体色发黑的鱼等。

寄生虫性的病鱼表现为：在池中表现不安，或上蹿下跳，或急剧狂游，由于寄生虫叮咬后寄发感染细菌，引起死亡。

农药或工业污水中毒表现为：突然出现大批鱼死亡，池塘里所有的鱼都不例外。

（二）观察病鱼体

通过对病鱼鱼体外观观察、解剖检查和镜检等方式，确定病因与患病种类。

如何发现鱼病

如何知道鱼生病了？首先可以做的是经常抽检。经常巡塘，看鱼吃食的状态及是否有异常游动，到下风处看看是否有死鱼；定期到料台及下风处打一网，对这些鱼做一个体检。

首先，检查鱼的体表，是否有出血，是否有明显的寄生虫，比如锚头鳋、毛细线虫、孢子虫；检查鱼的鳃部是否有明显寄生虫，比如大中华鳋、勾介幼体；鱼的眼睛是否有双穴吸虫等；鱼的鳍条特别是尾鳍是否能看到气泡；鳃丝的状况，包括颜色、鳃丝是否肿胀；鱼体表的黏液程度等。

其次，可以对鱼体先进行鳃部的显微镜观察，重点是寄生虫及鳃丝状况。选取的鳃丝应当是鳃弓两侧的，这里的鳃丝比较容易附着寄生虫。然后，可以检查鱼的口腔及胸腔，看是否有锚头鳋及鱼怪。胸腔的解剖必须很小心，从肛门起剪至胸鳍，掀掉大侧肌，露出完整的内脏。先看腹腔内是否有积水、是否有面条样的绦虫，观察肝脏及鳔的颜色。取下内脏，镜检肝脏组织、血液、肠道壁刮液及后肠粪便，这些地方我们可能会发现脂肪颗粒，肝片吸虫、锥体虫、绦虫、肠袋虫等寄生虫。同时应注意鳔，鳔内可能会有鳔居吸虫，会表现为鳔充血，剪开鳔即可看到。

最后，可以检查肌肉，一些寄生虫的囊蚴会寄生在肌肉中，形成肌肉穿孔，也会造成鱼死亡。

常见鱼病的防治

（一）病毒性疾病

1. 草鱼出血病。

（1）主要症状。分几种感染型，主要表现为口腔、鳃盖、鳍基、肠道、肝、脾等器官出血现象（红鳍红鳃盖型），将病鱼的皮肤剥除肌肉显示点状或块状充血，严重时全身肌肉呈鲜红色（红肌肉型），鳃失去鲜红呈苍白色，但肠道、肌肉无腐烂、水肿现象出现。

（2）流行情况。每年4～10月份为发病季节，主要感染2龄以下草鱼，死亡率可达90％，此病病原为高温病毒，一般水温15℃以下病情逐渐消失。

（3）预防方法。注射草鱼出血病疫苗或用中药预防。

（4）治疗方法。采用内服和外用药物结合进行。

外用药物：①生石灰。每亩1米水深20千克，兑水全池泼洒。②10%聚维酮碘溶液。全池泼洒，每500毫升用1亩水面，连用2次。③烟叶。0.75千克温水浸泡2小时，或冷水浸泡一夜，取汁全塘泼洒。

内服药物：①1.5%的大黄粉或"三黄粉"（大黄50%、黄柏30%、黄芩20%），或1.5%的大蒜素、0.75%食盐和10%鲜韭菜（捣烂），制药饵投喂。②恩诺沙星按饲料量的0.2%添加，连喂5天。③每40千克饲料用1.6克病毒唑混匀投喂，每天一次，连用7天。

2. 鲤春病毒病。

（1）主要症状。病鱼无目的漂游，体发黑，腹部肿大。皮肤和鳃渗血，无外部溃疡及其他细菌病症状。解剖后可见鳔充血，俗称"鳔炎症"。

（2）流行情况。是一种急性传染病。鲤鱼是主要宿主，各年龄段鲤鱼均可感染。易在春季流行。在15℃以下感染后的鱼出现病症。外伤是一个重要的传播途径。该病潜伏期约20天，病毒由水经鳃侵入鲤，通过粪、尿排出体外。无症状的带毒鱼能持续数周不断地排出病毒。在水温很低时病毒能在被感染的鲤鱼血液中保持11周之久，即呈现持续性的病毒血症时期。此时吸血类寄生虫如鱼虱或水蛭能从带毒鱼中得到病毒并传播到健康鲤鱼身上。

（3）预防方法。①一旦发现感染，全面销毁感染鱼。②同池其他养殖对象在隔离场或其他指定地点隔离观察。③养殖场所用大剂量强氯精或者漂白粉全面消毒。④易感染季节全池泼洒聚维酮碘溶液。⑤选择体质良好健康的鱼种，投喂营养全面的饵料，多进行水质调节。

（4）治疗方法。采用内服和外用药物结合进行。

外用药物：①生石灰每亩1米水深20千克，兑水全池泼洒。②10%聚维酮碘溶液全池泼洒，每500毫升用1亩水面，连用2次。

内服药物：①1.5%的大黄粉或"三黄粉"（大黄50%、黄柏30%、黄芩20%）；或1.5%的大蒜素、0.75%食盐和10%鲜韭菜（捣烂），制药饵投喂。②恩诺沙星按饲料量的 0.2% 添加，连喂 5 天。③每40 千克饲料用 1.6 克病毒唑混匀投喂，每天一次，连用 7 天。

3. 鲤鱼疱疹病毒病。

（1）主要症状。多数病鱼表现为眼球及头部皮肤凹陷，体表分泌大量黏液，多数鱼并发烂鳃症状（图 5-1）。

图 5-1　鲤鱼疱疹病毒病（眼球凹陷，皮肤凹陷，黏液异常增生）

（2）流行情况。本病在水温 16℃ 以上时，特别是 20～23℃ 易发。从目前的情况看，水温在 13℃ 以下或 30℃ 以上时不发病。本病死亡率高，有时可达 80% 以上。

（3）预防方法。①易感染季节全池泼洒聚维酮碘溶液。②同池其他养殖对象在隔离场或其他指定地点隔离观察。③养殖场所用大剂量强氯精或者漂白粉全面消毒。④一旦发现感染，全面销毁感染鱼。⑤选择体质良好健康的鱼种，投喂营养全面的饵料，多进行水质调节。⑥将免疫增强剂（如盐酸左旋咪唑、黄芪多糖等）添加于饵料中，提高鱼体自身抵抗力。

（4）治疗方法。采用内服和外用药物结合进行。

外用药物：①生石灰。每亩 1 米水深 20 千克，兑水全池泼洒。②10% 聚维酮碘溶液。全池泼洒，每 500 毫升用 1 亩水面，连用 2 次。

内服药物：①每 40 千克饲料用 1.6 克病毒唑混匀投喂，每天一次，连用 7 天。②恩诺沙星按饲料量的 0.2% 添加，连喂 5 天。

③1.5％的大黄粉或"三黄粉"（大黄 50％、黄柏 30％、黄芩 20％）；或 1.5％的大蒜素、0.75％食盐和 10％鲜韭菜（捣烂），制药饵投喂。

（二）细菌性疾病

1. 细菌性出血病。

（1）主要症状。病鱼的口腔、颌部、鳃盖、眼眶、鳍及鱼体两侧有充血症状，随着病情发展，充血现象加剧，鳃丝充血肿胀，呈浅紫色，肌肉呈出血症状；眼眶周围充血，眼球突出，腹部膨大、红肿。腹腔内有腹水，肝、脾、肾肿大，肠壁充血、充气，有的病鱼肛门红肿并伴有肠液溢出。部分发病塘病鱼只见肛门红肿症状。

（2）流行情况。高密度养殖区会大面积暴发，主要感染鲢鱼、鳙鱼、团头鲂、鲫鱼、草鱼等，发生快，死亡量高，最高可达 90％。主要发生在高温季节，温度越高，暴发越快。

（3）预防方法。①彻底清塘，清除池底过多的淤泥，降低细菌繁殖感染的概率。②定期加注清水、换水及遍洒生石灰，调节水质和改良池塘底质，将池塘水质调好调爽，让鱼有一个优良的生存环境。③把好鱼种和饲料关，选择优质鱼种和营养全面的配合饲料。④做好鱼体、饲料、工具和食场各项的消毒。疾病流行季节应用药物预防，做到早发现早治疗，防范在先。

（4）治疗方法。采用内服和外用药物结合进行。

外用药物：①新洁尔灭溶液（苯扎溴铵溶液）全池泼洒。②10％聚维酮碘溶液 500 毫升泼洒 1 亩水面。③二氧化氯全池泼洒，连用两次。

内服药物：①10％恩诺沙星粉 200 克拌 40 千克饲料，配合鱼用多维一起投喂。②每千克鱼体重用强力霉素 1.3 克配合三黄粉拌饵投喂。③每千克鱼体重用土霉素 1.5 克，每天 1 次，连用 3～4 天。

（5）注意事项。在高温季节，寄生虫可能是引发细菌性败血症的诱因，在治疗前需对鱼体做详细检查，如果发现寄生虫寄生，则需先杀灭寄生虫。

2. 肠炎病。

（1）主要症状。肛门红肿突出，腹部膨大呈红色，轻压腹部有淡黄色或血液状黏液从肛门流出，肠管发炎，充血并腐烂。

（2）流行情况。主要危害1冬龄以上的草鱼。每年5～9月份是发病高峰。

（3）治疗方法。采用内服和外用药物结合进行。

外用药物：①新洁尔灭溶液（苯扎溴铵溶液）全池泼洒。②10%聚维酮碘溶液500毫升泼洒1亩水面。③二氧化氯全池泼洒，连用两次。

内服药物：①每亩水面用韭菜2.5千克，切碎后加食盐0.2千克，拌入饲料中投喂，每天1次，连喂3天。②每100千克草鱼用大蒜头1千克，加食盐0.2千克，捣烂与适量的面粉掺和拌饵投喂，每天1次，连喂3天。③黄芩、黄柏、大黄各0.5千克，即三黄粉，煮沸后取汁，并加0.5千克的食盐，用于100千克的饲料拌食投喂，连续4～5天。④金银花500克、菊花500克、大黄500克、黄柏500克，即二花二黄散，另加500克食盐，拌入100千克鱼料投喂。⑤每千克鱼体重用土霉素1.5克，每天1次，连用3～4天。

3. 烂鳃病。

（1）主要症状。体色发黑，特别是头部变得乌黑，也称为"乌头瘟"，病鱼鳃丝腐烂，带有污泥，严重时鳃盖骨中间的内表皮常腐蚀成圆形或不规则的透明小窗，俗称"开天窗"。

（2）流行情况。青鱼、草鱼、鲢鱼、鳙鱼、鲤鱼都可发生，主要危害草鱼，流行季节多在5～9月份。往往与赤皮病、肠炎病并发。

（3）治疗方法。①每亩1米水深用生石灰20千克或季铵盐络合碘全池泼洒。②每亩水深1米用五倍子1.35千克，研碎煮开或用开水冲溶，连渣带汁全池遍洒。③每亩用枫树叶20千克，捣烂后全池遍洒。

4. 赤皮病。

（1）主要症状。病鱼体表局部或大片出血发炎，鳞片脱落，鳍条基部充血，鳍条末端腐烂。

（2）流行情况。此病在草鱼中很普遍，终年可见，但以春末夏初较为常见，常因拉网、运输或冬季冻伤而发生此病。

（3）治疗方法。必须体内与体外同时用药。外用药物：每亩1米水深用生石灰20千克或五倍子1.5～3.0千克捣碎溶水全池泼洒。内服药物：恩诺沙星拌饵投喂。

5. 白头白嘴病。

（1）主要症状。病鱼头部和嘴周围皮肤色素消退成乳白色，唇似肿胀，张闭失灵，呼吸困难，口圈周围的皮肤腐烂，微有絮状物黏附其上，在池边观察水面游动的病鱼，可见"白头白嘴"的症状，但将病鱼拿出水面观察，则不明显。

（2）流行情况。一般在5～7月份，在草鱼、鲢鱼、鳙鱼、鲤鱼等鱼苗和夏花鱼种上发生，对3.3厘米左右的夏花草鱼种危害最大。

（3）治疗方法。先确定病因，再选择治疗方法。

若有车轮虫寄生，则需要先杀灭车轮虫。

若为细菌感染，则：①每亩1米水深用生石灰20千克或漂白粉0.65千克全池遍洒。②每亩用菖蒲1.0～1.5千克、艾草2.5千克、食盐1.5千克和水煮汁全池泼洒。③每亩用苦楝树叶30千克，煎汁全池泼洒。

6. 白皮病。

（1）主要症状。先尾柄处出现小白点后尾部变白，严重时尾鳍腐烂，头部朝下，尾鳍朝上，不久死亡（图5-2）。

图5-2　草鱼白皮病

（2）流行情况。每年 6～8 月份流行，主要危害鲢鱼、鳙鱼夏花鱼种，草鱼苗有时也患此病，发病后 2～3 天死亡。

（3）治疗方法。同白头白嘴病。

7. 打印病。

（1）主要症状。患病部位通常在肛门附近的两侧和腹部两侧，呈圆形或椭圆形的红斑，好像盖了红色印章一样，严重时肌肉腐烂，直至穿孔，可见骨骼和内脏。

（2）流行情况。主要危害鲢鱼、鳙鱼及加州鲈，一年四季均可发现，而以夏、秋两季最易发生。

（3）治疗方法。同白头白嘴病。

（三）真菌性疾病

1. 水霉病。

（1）主要症状。由于捞捕、运输等原因使体表受伤，鳞片脱落，或被寄生虫破坏皮肤，以致霉菌的动孢子从鱼体伤口侵入，迅速萌发，并向外生长，成棉毛状菌丝，故称为"生毛"，病鱼游动失常，食欲减退，最后瘦弱而死。

（2）流行情况。各种饲养鱼从鱼卵到成鱼都可感染，一年四季都可发生，以早春、晚冬最为流行，在密养的越冬池最易发生这种病。

（3）治疗方法。①每亩 1 米水深用五倍子 2.5 千克，捣碎浸泡后，全池泼酒。②3%～4%食盐水浸泡鱼种 5～10 分钟。③硫醚沙星全池泼洒。

2. 鳃霉病。

（1）主要症状。病鱼鳃丝苍白，鳃丝上有棉毛状菌丝，鳃瓣有点状充血或出血现象，部分鱼眼球突出，体色发黑，无力缓游于池塘下风处，解剖见肝脏白色或黄色，少量腹水，急性型的发病 3～5 天大量死亡，死亡率在 90%以上。

（2）流行情况。主要危害鲫鱼、草鱼、鳊鱼及鲟鱼，鱼苗阶段发病率高于成鱼阶段。"四大家鱼"从鱼苗到成鱼都可患此病，5～10 月份此病最流行，特别是在高温季节，在水质恶化、有机质含量很高、水质脏而臭的池塘，容易发生此病。

（3）防治方法。彻底清塘消毒，加强饲养管理，注意水质，定期加注新水，每月全池遍洒 1～2 次生石灰或漂白粉，掌握饲料及施肥量，肥料必须经过发酵后才能施放入池。一旦发病，迅速加注新水，并泼洒生石灰，有一定效果。治疗可用五倍子末配合食盐一起泼洒或者用大蒜素泼洒。

（四）寄生虫引起的疾病

1. 小瓜虫病。

（1）主要症状。鱼体表、鳃、鳍条上布有小白点，肉眼可见，严重时病鱼体表覆盖一层白色薄膜，病鱼死亡 2～3 小时后白点消失。

（2）流行情况。3～5 月份、8～10 月份是此病流行季节，从鱼苗到成鱼都可感染，无鳞鱼感染率高于有鳞鱼，死亡率很高。

（3）治疗方法。尚无有效治疗方法，可尝试每亩 1 米水深用干辣椒 250 克、生姜 80 克，兑水煮汤，全池遍洒。

2. 大中华鳋病。

（1）主要症状。病鱼鳃丝末端肿大发白，肉眼可见鳃上挂有许多白色蛆样虫体，病鱼食欲减退，呼吸困难，离群独游。部分塘口发病鱼浮于水面，不下沉，不摄食（图 5-3）。

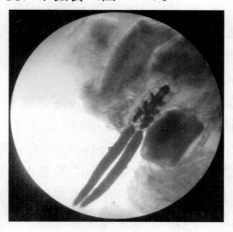

图 5-3　大中华鳋病（卵囊）

（2）流行情况。每年 5～9 月份流行最甚，主要危害 1 冬龄以上草鱼。

（3）治疗方法。①每亩 1 米水深用硫酸铜 350 克、硫酸亚铁 250 克全池遍洒。②每亩用 90％晶体敌百虫 350 克，全池遍洒。

3. 锚头鳋病。

（1）主要症状。病鱼体表可见一个个青绿色虫体，被虫体寄生部位周围组织发炎出血，大量寄生时，鱼身似披上"蓑衣"一样。病鱼急躁不安，食欲减退，最终鱼体消瘦，生长缓慢，直至死亡。

（2）流行情况。流行很广，每年 4～10 月份都可大量繁殖，对鱼种和成鱼都有危害，但对鱼种危害较大。高温季节锚头鳋叮咬后可能寄发细菌感染，导致暴发性出血病，引起更大的死亡。

（3）治疗方法。①突然改变鱼的生活环境，如注水、培肥水质，可使锚头鳋脱落。②每亩用 90％晶体敌百虫 350 克全池遍洒。

4. 鲺病。

（1）症状。鲺寄生在鱼体表和鳃上，肉眼可见到鲺虫体。其靠吸盘、口刺吸附在鱼体上，刺伤或撕破鱼的皮肤，吸食血液，使鱼体逐渐消瘦，病鱼呈现极度不安，群集水面狂游和跳跃。

（2）流行情况。一般四季都有发生，5～8 月份为流行盛期，对饲养鱼类都有危害，尤其对鱼种危害较大，少数几个鲺寄生就可引起死亡。

（3）治疗方法。①每亩用 90％晶体敌百虫 350 克全池泼洒。②每亩用樟树叶 15 千克捣烂，连渣带液投入池中。

5. 车轮虫病。

（1）主要症状。寄生在皮肤及鳃上，导致鳃丝鲜红、鳃盖张开，嘴唇及眼前色素消退，呈现白头白嘴症状。

（2）流行情况。流行期 5～8 月份，一般在面积小、水浅、水肥水脏的池塘中易发生。面积大、密度小的养殖水体不易流行。幼鱼和成鱼都可感染，对鱼种危害较大，可形成跑马病，死亡率也会较高。

（3）治疗方法。①每亩用硫酸铜 350 克、硫酸亚铁 250 克全池泼洒。②用苦楝树叶 30 千克，煎汁遍洒。

6. 指环虫病。

（1）主要症状。病鱼鳃丝黏液增多，鳃苍白色，显著浮肿，鳃盖不能闭合，呼吸困难，游动缓慢，不吃食，鱼体瘦弱，以致死亡。

（2）流行情况。流行季节为春末夏初和秋季，饲养鱼均可感染，尤其对鱼苗和鱼种危害很大。

（3）治疗方法。每亩用硫酸铜 350 克、硫酸亚铁 250 克遍洒，3 天后用苦参碱遍洒。

7. 九江头槽绦虫病。

（1）主要症状。病鱼黑瘦，体表黑色素沉着，摄食力剧减，口常张开，故又称为"干口病"。严重时，病鱼的前腹部膨胀，触摸时手感结实；部开鱼腹，明显可见前肠扩张。剪开前肠扩张部位，可见白色带状虫体聚居（图 5-4）。

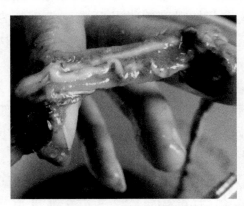

图 5-4　草鱼肠道的九江头槽绦虫

（2）流行情况。此病主要在广东、广西流行，有明显的地区流行特点。主要危害草鱼种，青鱼、团头鲂也有此病病例。此病还有年龄特征，当鱼体长度超过 100 厘米时，病情即可缓解，在成鱼中极少寄生。

（3）预防方法。①漂白粉清塘。②生石灰清塘。③经过清塘水消毒的池塘，切勿投放草鱼作"试水鱼"。

（4）治疗方法。①晶体敌百虫（90％含量）内服，50 克敌百虫和 0.5 千克面粉混合做成药饵，按鱼的吃食量投喂，1 天 1 次，连用

6 天。②槟榔内服，每千克鱼体重用药 2～4 克制成颗粒饲料投喂。1 天 1 次，连用 3～5 天。③阿苯达唑内服，每 100 千克鱼体重用药 20～30 克，每天 1 次，连服 5～7 天为一疗程。

8. 鲫鱼孢子虫病。

（1）症状。根据寄生的部位不同，表现出不同的症状。若寄生在鳃部，可见鳃部有一粒粒白色囊肿物；若寄生在喉部，可见喉部充血肿大，严重时口咽腔堵塞，饲料无法摄入；若寄生在体表，可见体表有一个个白色囊状物，鳞片突起于囊状物之上；若寄生于肝脏，打开腹腔后可见腹腔内充满白色豆腐样物质，后期包裹虫体的囊膜充血发炎，病鱼外观腹部膨大。

（2）流行及危害。此病主要在鲫养殖区流行，尤其以江苏盐城流行为甚。主要危害鲫鱼、鲤鱼，自寸片鱼种至成鱼都有感染，部分品种孢子虫引起的疾病（如喉部感染及肝脏感染）死亡率可高达 60%，若治疗不当，甚至高达 100%。流行时间自 4 月份中下旬一直流行到 10 月份底，冬季部分肝脏孢子虫仍有一定感染率。

（3）预防方法。①生石灰彻底清塘，用量 250～350 千克/亩。②敌百虫彻底清塘，用量每亩 2 千克。③因孢子虫部分生活史寄生于水丝蚓中，可用敌百虫杀灭池塘中水丝蚓，切断其生活史控制流行。

（4）治疗方法。采用内服和外用药物结合进行。

外用药物：①每亩晶体敌百虫（90% 含量）0.6 千克全池泼洒。②250 毫升含量 45% 环烷酸铜每瓶 2.5 亩全池泼洒。

内服用药：①盐酸氯苯胍 0.6 千克加工 1 吨饲料投喂。②百部贯众散，每 50 克拌 40 千克饲料投喂。③盐酸左旋咪唑 0.6 千克加工 1 吨饲料投喂。④5% 含量的地克珠利 8 千克加工 1 吨饲料投喂。

（5）注意事项。①传统的针对孢子虫的治疗中，养殖户喜欢使用大剂量敌百虫进行治疗，部分池塘取得不错的效果，但是敌百虫具有胃毒作用，会导致鱼拒食，若病情严重时不建议使用敌百虫泼洒，一旦导致鱼拒食，治疗将会非常困难。②此病的治疗方案最好是内服和外用同时进行。③若发生此病时鱼摄食不佳，应想办法提高鱼的摄食，对于此病的治疗有积极的作用。

异育银鲫喉孢子虫病治疗失败的原因分析

2011年7月，江苏省射阳县临海镇一养殖户的池塘发生异育银鲫喉孢子虫病，发病池塘面积210亩，主养异育银鲫，规格150克/尾，投放密度2 000尾/亩，混养部分鲢鱼、鳙鱼。7月3日，即池塘进水后的第三天，银鲫开始发病，7月6日、7日、8日死亡量分别为83尾、150尾、870尾。9日寻求某饲料厂外聘教师帮助，开具药方如下：首日外泼敌百虫，浓度1.2毫克/升，同时每吨饲料内服盐酸氯苯胍0.6千克、恩诺沙星1千克、电解多维4千克。

治疗效果：首日泼洒敌百虫后，鱼拒食，水质变清，死亡量较上日略有减少。用药第二日鱼仍不开口吃料，水质更清，下层发黑。第三日水变黑，死亡量迅速上升至8 000尾，至7月17日出鱼，共死亡银鲫21万尾。

此治疗方案是失败的，主要有以下几个原因：

1. 对于池塘中的浮游动物处理不当。 根据现场观察，用药前池水雾白色，可见池边有大量浮游动物。过量繁殖的浮游动物争夺池中氧气，造成鱼吃料不好，此时大剂量泼洒敌百虫（属于胃毒药物）后，造成鱼的拒食。正确的方法应为使用150克/亩的敌百虫或者菊酯类药物沿池边1米处泼洒，分批杀死水中浮游动物，间接提升水中溶氧量，使鱼恢复吃料。

2. 选用治疗药物不当。 环烷酸铜对于孢子虫的治疗效果比较好，且毒性小，刺激性低，因此首次泼洒应考虑使用环烷酸铜。

3. 治疗方案不当。内服加外用的治疗方案无可厚非，但是配方可以适当调整，适当添加盐酸左旋咪唑和水产多维，既可以诱导鱼摄食，又可以更好地驱杀体内孢子虫。

4. 养殖户的大局意识薄弱。此次发病是由于池塘进水引起的。据了解，隔壁池塘前几天刚刚得了同样的病，病死鱼丢弃在进水渠内，该养殖户进水后被感染了。

5. 孢子虫病应以预防为主。在养殖前期就应使用驱虫药物，养殖户抱着侥幸的心态，忽略了预防工作，造成了重大损失。

异育银鲫喉孢子虫病并发鳃孢子虫

（五）其他鱼病（害）防治

1. 青泥苔。

（1）危害。青泥苔是鱼池中常见的丝状绿藻。鱼苗和早期的夏花鱼种，游入青苔中被缠住，游不出来造成死亡。同时它在鱼池中，大量繁殖，消耗池中的养料，池水变瘦，影响鱼的生长。

（2）防治方法。①每亩用硫酸铜450克全池泼洒。②用草木灰覆盖在青泥苔比较多的地方，遮挡其阳光。

2. "泛池"。

（1）危害。因水质恶化、水质太肥、天气突变造成缺氧，使鱼"浮头"，严重时引起大量死亡（图 5 - 5）。

图 5 - 5　草鱼鱼种"泛池"

（2）防治方法。①及时施肥，配合微生态制剂将水质调嫩调爽。②安装增氧机，注意增氧机的"三开两不开"。③每亩用明矾（即十二水硫酸铝钾）1.5～2.5 千克兑水泼洒。④每亩用食盐 5～10 千克混合黄泥 5.0～7.5 千克调成糊状，加人尿 50 千克搅拌后泼洒。⑤化学方法增氧，在严重"浮头"时使用增氧剂，溶水全池泼洒急救。

（3）注意事项。当池鱼严重缺氧使用增氧粉急救时，需注意方法。泼洒增氧粉时，需选取池塘的几个点集中泼洒，形成局部的富氧区，不可全池漫撒，效果很差。

3. 气泡病。

（1）主要症状。鱼苗体表、鳍条内、肠道中有白色气泡，使鱼苗浮在水面，无法下沉。

（2）形成原因。一般发生在水质较肥的池塘，这样的池塘产氧能力强，当水温升高过快时，溶解的氧气会气化溢出，形成气泡。部分气泡会被鱼苗误食，积聚后形成大气泡所致。部分溶解在体内的氧气可能会溢出形成气栓，直接造成鱼苗的死亡。

（3）防治方法。①鱼塘中不施未经发酵的肥料，要掌握好施肥量，不让浮游植物大量繁殖。②经常换水或注入新水可防止病情恶化。③一旦发生气泡病后，可在池塘上方设置遮阳网或者全池泼洒食盐（每亩2～3千克），有一定效果。

4. 跑马病。

（1）主要原因。池中缺乏适口饵料，鱼苗下池沿池边寻找饵料所致。

（2）主要症状。鱼苗成群结队围绕鱼池边缘狂游，长时间不停像跑马一样。由于过分消耗体力，使鱼体消瘦，发生大批死亡。

（3）防治方法。①鱼苗下塘前做好肥水工作，保证水中有足量的适口饵料。②鱼苗放养密度不可过大。③在池边设障碍物隔断鱼的狂游路线，并沿池边投一些豆浆、蛋黄等饵料。

5. 肝胆综合征。

（1）主要症状。濒死鱼体色发黑，活力减弱，无力漂浮于池塘下风处。解剖发现肝脏肿大，颜色变黄、变白等或呈花肝状，并在肝部外表伴有血块凝结，胆囊明显肿大。

（2）流行及危害。多发生在投饵较多的精养池塘，7～9月份为发病高峰期，主要危害草鱼、鳊鱼、鲤鱼、黄金鲫等吃食鱼。

（3）病因分析。①饲料因素（图5-6）。长期投喂高蛋白饲料，部分蛋白质不能完全被利用，在鱼体内被转化成脂肪，堆积在肠系及肝部周围，加重了肝脏的负担，直至形成脂肪肝；投喂低质饲料，各类维生素缺乏或比例失调，对肝脏的正常代谢功能形成不良影响和损害；饲料超过保质期或发生霉变，蛋白质氧化变质，形成有毒物质，

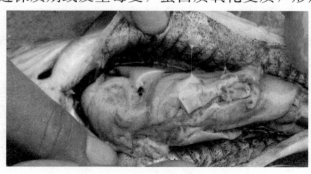

图5-6 青鱼大量投饲后肝脏发白

对肝脏有严重的损害作用。②水质因素。水质恶化使水中的氨气、亚硝酸盐、硫化氢等严重超标造成鱼体内氨代谢困难并存积在血液中，引起肝胆病。③药物因素。部分养殖户滥用药物或长期重复用药，特别是一些残留量大的药物，如有机磷、重金属类、抗生素药物，对肝脏损害相当大。

（4）防治方法。做好清塘和日常消毒管理工作，防止水质恶化；科学合理投喂饲料，高温季节适当减少投料；及时用药，对症治疗。①在饲料中适量添加氯化胆碱。②采用三黄粉（大黄、黄柏、黄芩）、板蓝根同时拌饲内服投喂。因上述中药药性均属苦寒性，具有清热利、胆解毒止血、疏肝护肝理气的独特功效，能促进损伤的肝细胞再生和恢复。用量为每千克饲料中拌 4 克，连用 5～7 天。③用龙肝泻胆散及多维加量拌饲，连用 5 天。在控制病情后，用水体消毒剂消毒一次。

6. 鱼类应激性出血病。

（1）主要症状。当养殖鱼类受到应激因子，如饱食拉网捕捞、天气突变和长途运输、高温晴天中午用药刺激时，即突然、快速地发生全身性体表和鳃出血而大批死亡。病鱼体表黏液分泌减少，手摸有粗糙感，肌肉水分增多，体表有浮肿感。

（2）发病特点。此病多见于高密度养殖、以投喂蛋白质和能量高的饲料为主的池塘和网箱中，各种饲养鱼从鱼种到成鱼阶段均可发生，但成鱼发病率较高。发病高峰期为 6～10 月份，以盛夏酷暑发病最严重。

（3）防治措施。①24 小时不以任何形式惊扰鱼群。②50 千克鱼按大黄苏打片 5 克＋大蒜素 5 克＋三黄素 15 克＋鲜辣蓼草 500 克制成药饵投喂。③一天后按每亩 1 米水深用生石灰 20 千克泼洒，以调节水质及酸碱度，并增强鱼体抗应激能力。④按每千克饲料加 0.3 克保肝灵制成药饵连喂 7 天。

7. 蓝藻异常增殖。

（1）主要症状。无风或微风时，在池塘下风口可见大量漂浮于水面的油漆样水花（图 5-7）。

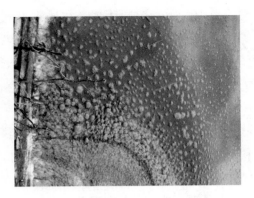

图 5-7 蓝藻异常增殖后形成水华

（2）流行及危害。高温季节为蓝藻异常增殖的主要季节，因其大量增殖，遮挡阳光，造成水中光合作用不足，凌晨易缺氧。若受到外力作用蓝藻大批量死亡，会释放藻毒素，严重时引起大批量鱼死亡。

（3）病因分析。蓝藻为喜氮藻类，高温季节也是投饵较多的季节，通过长期的大量投饵，池塘残饵和粪便累积，形成了有利于蓝藻滋生的条件。

（4）治疗方法。蓝藻大量滋生时切不可全塘泼洒杀蓝藻药物（包括消毒剂、杀虫剂甚至抗生素），因蓝藻死亡后会大量释放有藻毒素，对鱼形成毒害。具体治疗方法可先在池塘下风口用氯制剂杀灭部分蓝藻，重复3天后全池使用芽孢杆菌泼洒，通过其强分解性分解抑制蓝藻生长。

8. 亚硝酸盐中毒。

（1）主要症状。濒死鱼白天呈"浮头"状，捕捞后全身发红，解剖后血液呈黑褐色。

（2）流行及危害。主要发生在高密度精养塘，发病后池鱼呈现缺氧状，会导致池鱼的大量死亡，对鲢鱼、鳙鱼危害尤其厉害。

（3）病因分析。亚硝酸盐中毒多发生在养殖密度大的吨产鱼池：不换水或换水很少，不开增氧机的鱼池。这是因为高产鱼池都使用蛋白质含量高的饲料，饲料和鱼类粪便中大量含氮物质降解成为氨氮。氨氮通过光合作用被浮游植物吸收，其余未被吸收的就沉积在池底，造成底泥和池水中氨氮含量过高。

（4）治疗方法。①开动增氧机曝气。②用增氧粉全池泼洒。③将池水换掉 1/3 以上，用物理的方法降解水中的氨氮和亚硝酸盐。④在饲料中添加维生素 C，由于它是强还原剂，能将高铁血红蛋白还原成铁血红蛋白，因此能在短期内快速解毒。⑤用食盐 25 毫克/升全池泼洒。⑥全池泼洒腐殖酸钠或者沸石粉，强力吸附亚硝酸盐。

6 日常管理

"增产措施千条线，通过管理一根针"，一切养鱼的物质条件和技术措施最后都要通过日常管理，才能充分发挥效能，达到高产、高效的目的。

■ 日常管理基本要求

养鱼生产是一项技术较复杂的生产活动。它涉及气象、饲料、水质、营养、鱼类个体和种群动态等各方面的因素，这些因素又时刻变化、相互影响。因而管理人员要全面了解养鱼全过程和各种因素间的联系，以便控制池塘生态环境，取得稳产、高产。

养鱼取得高产的全过程是一个不断解决水质和饲料矛盾的过程。主要生产管理经验是：水质保持"肥、活、爽"，投饵、施肥保持"匀、好、足"。

匀——一年中应连续不断地投以足够数量的饵料和肥料。在正常情况下，前、后两次投饵之间投饵量和时间间隔均应相差不大，以保证投饵量既能满足池鱼摄食的需要，又不过量而影响水质。

好——肥料、饲料的质量应是上乘的。投喂的饲料质量高，营养丰富，鱼类利用充分，排泄物和饵料残留量减少，有利于保持良好的水质。

足——施肥量和投饵量适当，在规定时间内鱼能将投饲物吃完，使池鱼足而不饥、饱而不剩。

实践证明，保持水质"肥、活、爽"，不仅鲢鱼、鳙鱼有丰富的浮游生物可食，而且青鱼、草鱼、鲤鱼、鲂鱼等鱼类也能在密养的条件下最大限度地生长，不易得病。生产上，一是采用"四定"投喂技术来保证投饵、施肥的数量和次数，以"匀、好、足"作为水质控制的措施。二是合理使用增氧机与水质改良机械，及时加注新水和使用调水剂等措施来改善水质，使水质保持"肥、活、爽"。

■ 日常管理基本内容

（一）经常巡视养殖场地，观察鱼类动态

每天要早、中、晚巡视 3 次。黎明时观察池鱼有无"浮头"现象，"浮头"的程度如何；日间可结合投饵和测水温等工作，检查池鱼活动和吃食情况，近黄昏时检查全天吃食情况，有无残饵，有无"浮头"预兆。酷暑季节，天气突变时，鱼类易发生严重"浮头"，还应在半夜前后巡塘，以便及时制止严重"浮头"，防止"泛池"发生。

（二）随时除草去污，保持水质清新和环境卫生

池塘养殖：养鱼水质既要较肥又要清新，溶氧量较高。因此，除了根据施肥情况和水质变化，经常适量注入新水，调节水质、水量外，还要随时捞出水中污物、残渣，割除池边杂草，以免污染水质，影响溶氧量。

工厂化养殖：应定期洗刷进、排水口，保持水流通畅，定期进行虹吸排污或冲水排污，保持养殖池水质。

网箱养殖：对网衣和饵料台进行定期洗刷，保持水流通畅和网箱内水质良好。

（三）及时防除病害

细致地做好清洁养殖环境的工作是防除病害的重要环节，应认真对待。一旦发现养殖鱼类患病，要及时治疗。对养殖工具定期使用高锰酸钾（60～80 毫克/升）或其他药物进行浸泡消毒。

（四）施肥管理

在冬春或晚秋应大量使用有机肥料，而在鱼类主要生长季节，需

经常使用少量无机肥料。

（五）投饵管理

坚持"四定"原则，投饵量视天气状况、水质条件和鱼类摄食情况及时增减。

（六）饲料保管

颗粒饲料需要保存在干燥、通风、阴凉处，不可暴晒。料堆底层要用木板架空，不要直接堆放在地上。饲料两端的袋口不要接触墙壁。堆码时使用五五堆码法，便于清点及搬运。

7 越冬管理

▪ 温水性鱼类越冬管理

（一）越冬池的准备

越冬池的准备包括越冬池的选择、清淤、清杂、消毒等内容。

1. 越冬池的选择。 选择长方形、东西走向、保水性好，面积15～20亩，淤泥厚度小于20厘米的越冬池。要求越冬池注满水时的水深为2.0～3.5米，冰下水深1.5～2.5米。

2. 清淤。 越冬池淤泥厚度应保持在20厘米以下，以减少越冬期间底泥耗氧。

3. 清杂。 越冬池的清杂，一是清除越冬池内杂物，二是在越冬池注满水前把池坡上的杂草、杂物清除掉，以防止杂草在越冬期间腐烂、耗氧和恶化越冬水体的水质。

4. 越冬池的消毒。 越冬池必须进行严格的药物消毒，以杀死池中的敌害生物、野杂鱼和病原体，改善池底的透气性，加速有机物的分解与矿化，减少鱼病发生。

（二）越冬池水的处理

北方地区鱼类越冬池的池水来源多数为原塘水和井水两种。

1. 原塘水越冬。

（1）排出老水（排水）。将做越冬池的原塘水排出 1/2～2/3，使越冬池平均水深达 1 米左右。

（2）净化池水（净水）。越冬池平均水深 1 米时，每亩用生石灰25～35 千克化浆全池泼洒，净化越冬池水（最好在越冬鱼类并池之后进行），使越冬池水体处于微碱性。

（3）杀死浮游动物（杀虫）。在封冰前 15～20 天越冬池水用1～2毫克/升的晶体敌百虫杀死池中的浮游动物，尤其是桡足类和轮虫，同时对池中病原微生物、体外寄生虫也有很好的杀灭作用。

（4）消灭病原菌（灭菌）。越冬池水用晶体敌百虫等药物处理3～5天后，用漂白粉消毒池水和鱼类，以便控制和治疗鱼类的细菌性疾病，并进一步消灭水中的病原菌，防止二次感染。

（5）加注新水（加水）。越冬池水消毒 3～5 天后加注新水（最好选用井水）直至注满为止，使越冬池水深达 2.0～3.5 米，冰下水深1.5～2.5 米。

（6）培养浮游植物（肥水）。在越冬池冰封期前 5～10 天施入无机肥，促进越冬池水体中浮游植物的生长。无机肥施用量为：越冬水体平均水深 1.5 米，每亩施硝酸铵 4～6 千克、过磷酸钙 5～7 千克。北方地区封冰的越冬池禁止施用有机肥。

（7）施用水质改良剂。在越冬池封冰前 3～15 天内施用水质改良剂，消除越冬池水体中的有害物质，改善越冬期间的越冬水体的水质；还可预防融冰时鱼类出血病和暴发性疾病的发生。最为经济的水质改良剂是沸石粉，施用量为每亩 15～25 千克。

2. 井水越冬。 井水是较为理想的鱼类越冬用水，但采用井水越冬时要注意井水的溶氧量、含铁量和硫化氢的含量。解决方法是加大井水的流程，使其曝气增氧，同时除去井水中的硫化氢和氧化二价铁使其沉淀，减少对越冬鱼类的毒害作用。另外，注意增加井水越冬的水体肥度，方法是施入无机肥，无机肥施用量为：平均水深 1.5 米时，每亩施硝酸铵 5～7 千克和过磷酸钙 4～6 千克。

（三）越冬鱼类的规格和密度

1. 规格。一般越冬池鱼种规格要求在 10 厘米以上，微流水越冬池鱼种规格最好在 15 厘米以上。越冬鱼类放养一般在水温不低于 5℃时进行。

2. 鱼类越冬密度。

（1）当越冬池冰下平均水深 2 米以上时，鱼类越冬密度为 1.0～1.5 千克/米³；冰下平均水深为 1.5～2.0 米时，鱼类越冬密度为 0.7～0.9 千克/米³；冰下平均水深为 1.0～1.5 米、有补水条件时，鱼类越冬密度为 0.5～0.6 千克/米³。

（2）有效越冬水深 1 米以上的流水越冬池，密度为 0.5～1.0 千克/米³（越冬鱼体长 10 厘米的鱼种每亩 4 万～8 万尾，或体重 2.5～3.5 千克的亲鱼 100～180 尾）。

（3）利用天然中小水面越冬时，有效越冬水深 1 米，包括原有鱼类，密度不超过 0.5 千克/米³。

（4）利用鱼笼或网箱（设置于江河或水库）越冬，密度为 0.5～1.0 千克/米³。

（5）温室越冬，可根据越冬期间补水、补氧以及供暖条件具体掌握，一般密度为 2.5～3.5 千克/米³。

（四）越冬期间的管理

1. 测氧。根据越冬池溶氧量的变化规律，要求定期测氧（一般 3～5 天测一次）。冬至至元旦、春节前后要求每 1～3 天测氧一次，找出越冬水体溶解氧降低的主要原因，及时采取增氧措施。

2. 及时补水。整个越冬期间要补水 2～4 次，每次补水 15～20 厘米，补水以深井水为好。

3. 控制浮游动物。注意观察越冬水体中浮游动物的种类和数量，如发现有大量的剑水蚤、犀轮虫和大型纤毛虫，一方面应抽出越冬池部分底层水，加注井水或临近越冬池含浮游植物丰富、溶氧量高的水体；另一方面可用药物杀死越冬水体中的浮游动物。

4. 补充营养盐类。越冬期间如发现越冬池水透明度增大、浮游植物生物量减少、溶解氧偏低时，可采用冰下施用无机肥的方法培养浮游植物进行冰下生物增氧。

5. 扫雪。扫雪面积应占越冬池面积的 80% 以上，以保证冰下越冬水体有足够的光照，使浮游植物进行光合作用制造氧气。

6. 防治鱼病。越冬期间经常观察冰层下鱼类是否有异常或贴近冰层游动现象，要根据情况进行病理检查。若发现有鱼病发生，应选择适当的药物及时进行治疗。如果越冬期间不能将鱼病完全治好，在第二年开春融冰期间要尽早使冰融化，及早分池并进行药物处理，防止引发暴发性疾病。冰封越冬水体杜绝使用硫酸铜，以免影响越冬水体中浮游植物的生物量，造成缺氧。

7. 增氧。越冬池缺氧时，常用打冰眼增氧、注水增氧、循环水增氧、化学药物增氧、生物增氧、充气增氧等方法。

（1）打冰眼增氧法。在以往的鱼类越冬生产实践中，常用打冰眼方法增加越冬池水中的溶氧量。空气中的氧气通过冰眼向水中扩散的速度很慢，打冰眼增氧，仅能作为一种应急措施。

（2）注水增氧法。这是小型的靠近水源的越冬池和渗漏较大的静水越冬池一种较好的补氧方法，但采用地下水进行补氧时要特别注意水质，必须经过曝气、氧化和沉淀。

（3）循环水增氧法。在越冬池水量充足或缺少越冬水源的静水越冬池，发现池水缺氧后可采用原池水循环的方法补氧。如用水泵抽水循环补氧，或利用桨叶轮补氧。补氧应按照"早补、勤补、少补"原则进行，使水温稳定在 1℃ 以上，避免因水温过低导致鱼体冻伤。

（4）生物增氧法。利用冰下适宜低温、低光照的浮游植物，创造条件促使其大量繁殖进行光合作用制造氧气，补充越冬水体溶氧量不足，达到鱼类安全越冬的目的。

（5）化学药物增氧法。当静水小越冬池、温室越冬池发生缺氧时，可采用化学药物增氧法。常用的增氧药物有：过氧化钙、双氧水。如向越冬水体施入 1 千克的过氧化钙，产氧量可达 77 800 毫升，并在 1～2 个月内不断放氧。过氧化钙的施用量，平均水深 1.5 米的越冬池每亩为 7.0～8.5 千克。

（6）充气增氧法。利用风车或其他动力带动气泵，将空气压入设置在冰下水中的胶管中，通过砂滤使空气变成小气泡扩散到越冬池水中，以增加水体中的溶氧量。

（7）强化增氧法。强制性地使空气中的氧和水搅拌，向越冬池输送高氧水。如用射流增氧机、饱和式增氧器等，在水泵的水管上接入一个进气管也有增氧的效果。

（8）生化增氧法。使用各种光源促使越冬池水中的浮游植物进行光合作用，增加溶氧量。常常利用碘钨灯、大功率电灯泡等作为光源。

■ 热带鱼类越冬管理

热带鱼类（如罗非鱼、淡水白鲳等）越冬受水温限制，需要一定的条件及采取相应的保温措施，才能安全越冬。当越冬时间较长时，可能出现鱼类病害、水质环境变化及气候异常等情况，影响鱼类越冬成活率，因此，需要一套科学的越冬管理技术，确保鱼类越冬安全。

（一）越冬方式

越冬方式因地域条件不同，主要有以下几种类型，既可以单独使用，也可配合使用。

1. 利用工厂余热越冬。主要利用发电厂或工厂排放的余热水或蒸气引入越冬池塘，进行保温越冬。根据热水供应量，确定越冬规模，同时要考虑热水的稳定供应与水温调节的冷水源问题。并且适当投喂，可保证越冬鱼有良好的体质，减少鱼病的发生，越冬结束后可得到较大规格的种苗；如果热源不足或不稳定，则应考虑配备加热设备或设防风棚，保证越冬水温稳定性。

2. 塑料大棚及玻璃温室越冬。塑料大棚及玻璃温室越冬是利用太阳能保温达到鱼类安全越冬的目的。建造越冬池或温室应考虑水源、越冬品种、越冬规模及采光等因素。寒冷地区，可在温室加盖一层塑料薄膜，并配备红外线加温器。为防止越冬期间缺氧，越冬池应有增氧设施，并注意天气转好时开窗通气。

3. 利用地热水越冬。利用符合渔业用水标准的温泉水和深井水。温泉和深井水源水温恒定，高达 29～30℃，是很好的越冬水源。根据水温、水量及越冬种类确定鱼类越冬规模，结合设置塑料大棚或防风棚可取得良好越冬效果。温泉水、深井水曝气后再进入越冬池塘，水温过高则用冷水调节。

4. 利用小型锅炉越冬。主要是利用锅炉并结合塑料大棚达到保温效果，只是在特别寒冷的时候才使用锅炉加温，对越冬池水温的提高快捷有效。

（二）越冬管理

1. 越冬准备。

（1）清塘消毒。放养越冬鱼种的池塘要进行彻底清淤，然后每亩用 150 千克生石灰、150 克晶体敌百虫（90％含量）同时使用进行消毒，待 8～10 天残毒消失，水色转绿，试水后放鱼。

（2）鱼种入塘。在南方一般 10 月中旬至 11 月初进行鱼种入塘，鱼种放养前应将水温提高，利于投饲驯食，帮助恢复体质。自繁自养越冬鱼种应体质健康、规格整齐、不带病菌，入塘前停喂并拉网锻炼 2～3 次，增强鱼种抗逆力。外地运回的鱼种要严格检查，发现病菌要做相应的处理。鱼种放养密度应根据自身的越冬条件而定，温水供应充足且稳定的，密度可大些。在温室及塑料大棚越冬，则应考虑水温、水质因素，适当少放些。另外，不同鱼种及不同规格，放养密度也应做适当调整。

2. 水温、水质调节。越冬期间水温、水质的变化和调节直接影响越冬效果。各种温、热带鱼类，越冬的安全水温及临界水温因种类而不同。越冬期间按不同的鱼种设定最低水温（表 5 - 1），避免冻伤或冻死。如越冬池水达不到安全水温，要利用加热设备（如太阳灯、加热器等）进行加热，提高越冬池水温。热源充足的地方，可将池塘水温升至 20℃ 左右，有利于越冬鱼种继续摄食，可减少鱼病发生，越冬结束后可获得规格大、体质健壮的鱼种。

表 5-1　常见温、热带鱼类鱼种越冬技术指标

项目	淡水白鲳	尼罗罗非鱼	奥里亚罗非鱼	土鲮	革胡子鲇
临界水温（℃）	10	8	7	10	9
致死水温（℃）	8	6	4	7	7
越冬适宜水温（℃）	18	16	16	18	18
放养密度（尾/米³）	120~150	120	120		

越冬期间要关注水质的变化，特别是投饲较多的池塘，防止有机物累积，耗氧过多，引起鱼种"浮头"。因此，根据水质及气候的变化情况，更换越冬池水，保证水中足够的溶氧量。当水质老化时，除更换池水外，还可采取泼洒生石灰（每亩施 15~20 千克）及开增氧机曝气的措施对水质进行调控。

3. 投饲。投饲需遵从"四定"原则。正常情况下，每天上、下午各投喂一次，依不同越冬方式有所区别：用温水及工厂余热，且水量充足、水温稳定，可保持连续投喂；利用塑料大棚或温室越冬，水体较小、水质易受污染，应控制好投喂量，低温天气应停止投喂。

4. 鱼病防治。温、热带鱼类在越冬期间，受水温、水流量、水质条件、鱼类越冬密度、残饵、病原体等因素影响，容易发生疾病。各地实践证明，冬季水温偏低，用药治疗效果较差，发生鱼病时往往造成不同程度的损失。根据这一情况，越冬期间必须坚持"以防为主，治疗为辅"的原则，从水质、投饲及药物使用等各个环节着手，减少鱼病发生。

参考文献

陈昌福，陈萱 . 2010. 淡水养殖鱼类疾病与防治手册 . 北京：海洋出版社.

丁雷 . 2003. 淡水鱼养殖技术 . 北京：中国农业大学出版社.

申玉春 . 2014. 鱼类增养殖学 . 北京：中国农业出版社.

夏磊 . 2013. 水产养殖用药实用技术 300 问 . 北京：中国农业出版社.

张京和 . 2012. 水产养殖员 . 北京：科学普及出版社.

赵子明 . 2008. 池塘养鱼（第二版）. 北京：中国农业出版社.

单元自测

1. 鱼种放养时的注意事项有哪些？

2. 简述鱼类易患的三种疾病名称及防治方法。

3. 水质调控时使用芽孢杆菌的原理是什么？使用注意事项是什么？

4. 鱼类越冬死亡的原因有哪些？

5. 鱼类越冬补氧的方法有哪些？

技能训练指导

中药预防草鱼出血病

（一）目的和要求

掌握预防草鱼出血病的中药品种、用量和方法。

（二）材料和工具

板蓝根、穿心莲等中药及食盐。

（三）实训方法

1. 预防时间。草鱼出血病发病季节到来前 1 个月，每半月投喂 1 次板蓝根、穿心莲合剂，预防草鱼出血病有特效。

2. 具体做法。第一天，按 100 千克鱼用板蓝根 2.5 千克、穿心莲 1.5 千克，加开水浸泡 1 小时，取汁加食盐 0.5 千克，然后拌入饲料投喂。第二天，取第一天留下的药渣放锅中加水煮 1.5 小时，取汁按第一天的方法再投喂一次。

学习
笔记

模块六
淡水鱼捕捞及运输

1 淡水鱼捕捞

◢ 冬季拉网捕鱼与夏天捕热水鱼

（一）冬季拉网捕鱼

冬季是塘鱼的捕捞季节，但若捕捞不当易造成第二年池塘鱼病的发生。因此，冬季捕鱼时一定要细心操作，尽量少伤鱼体，以减少鱼病发生，提高养鱼经济效益。

1. 清除杂物。池塘中为防盗设置的木桩，未经清理的大石块和水面上的水葫芦、水花生等会影响正常拉网。捕前一定要先清除池水中的障碍物，以便于拉网操作。

2. 捕前排水，捕后灌水。冬季鱼塘内水比较深，在捕鱼前一定要将水深降至 1.0～1.5 米。捕捞后要立即灌水使水位增至 2.5 米以上，以提高水温，保证未达到标准的商品鱼安全越冬。

3. 正确选用网具。网的长度要达到鱼池宽的 1.4 倍以上，网的高度要达水深的 2 倍以上。网目大小根据捕鱼的规格确定。网目太小会把小规格的鱼也拖起，造成不必要的损伤。

4. 选好下网、收网地点。浅水处下网，深水处起网；有风时在下风处的池塘一端下网，迎风拖网。拖网时底纲与池底形成一个角度，起网点应选择埂边坡度与水平面成 $30°\sim40°$ 角的地方，并且保证该处斜面无杂物。

5. 轻下网，快起网。下网前先将渔网整理好，放在池塘一侧，然后依次将底网、网衣、浮纲沿池塘轻轻放入水中，从两边同时拉网。拉网时，在鱼塘水面的前 1/2 范围内要缓慢前行，拉网至塘面的后半部分时要迅速收网、起网，以减少鱼的碰网损伤和逃脱数量。两边拖网人员用力要协调一致，拖动时速度要基本保持匀速，不要时快时慢。

6. 上、下纲要协调。拖网时上纲轻下纲重，上纲必须随下纲移动，上纲位要比下纲位稍靠前。上纲太靠后鱼容易跳逃，上纲太靠前容易带起下纲脱离池底造成"翻纲"，使鱼大量逃脱。接近起网时，上纲要逐渐拉紧抬高防鱼跳出。

7. 避免连日持续作业。冬季气温低，鱼体抵抗力差，如果短时间内使不需捕起的鱼反复受伤，则伤口难以愈合，将导致水霉菌乘虚而入，造成来年发病，减产减收。因此，不要图眼前利益而连日持续作业。

(!) 温馨提示

　　冬季拉网捕鱼宜选择天气晴朗时进行，如池塘水质不良，拖网时间选在早晨或上午为好。拖网前要停食一天，以免造成鱼受伤。池塘缺氧时不能拖网。捕捞后要将亲鱼与未达到商品规格的小鱼选出，用 $3\%\sim4\%$ 食盐水浸洗 10 分钟，消毒防病后再放回池塘中。

(二) 夏天捕热水鱼

在天气炎热的夏季捕鱼，因水温高，鱼的活动能力强，捕捞较困难，加上鱼类耗氧量大，不能忍耐较长时间的密集，而捕在网内的鱼大部分不符合要求回池，若在网内时间过长，则鱼很容易受伤或缺氧致死。因此说，夏季捕鱼是一项技术性较高的工作。

　　鉴于捕捞热水鱼（尤其是每年的第一次）之前因长时间未搅动池塘底部沉积的各种废物，如鱼类粪便、尸体、饵料残渣、氨氮、亚硝酸盐、硫化氢、甲烷、淤泥等，而突然拉网，致使大量有害物质翻出，且因拉网时鱼类的密度大，鱼类呼吸困难，大量的有害物进入鱼体内，因而引起鱼类产生应激和中毒。为减少应激和中毒并提高鱼的耐运输能力，除了平时选用安全、无公害、且营养全面的配合饲料外，拉网捕鱼时应该做到如下几点。

　　1. 加强拉网前的水质调节，改良底质。拉网捕鱼时搅动了水体，致使氨氮、亚硝酸盐、硫化氢等有害物质遍布全池，极易造成水质恶化，让鱼虾短时间应激、中毒。因此，捕捞前几天晴天中午拉动底泥，并用芽孢杆菌、EM 菌、底质改良剂等微生态制剂调节好水质，改善水体环境。

　　2. 控制饲料。捕鱼前两天减少或停止投喂饲料，过多地摄食增加了鱼体新陈代谢，增加鱼类对溶解氧、环境要求，拉网应激反应明显。其次，大量粪便在运输途中排出，污染运输水体，增加耗氧。

　　3. 施用抗应激产品。拉网前 6～12 个小时使用抗应激产品，能有效地提高鱼体抗应激能力，减少鱼体活动量，保护好黏液，并降低鱼体受到机械损伤后受病菌感染的概率。

　　4. 增氧。在水温高时捕鱼，一般需提前加水或开增氧机 2 小时在夜间捕鱼时，加水或开增氧机一般要待日出后才能停止。

　　5. 正确拉网。轮捕时期大多正值高温季节，又对鱼的活动和生长有一定干扰，因而要求拉网捕鱼操作熟练、快捷、上网率高，并且选择在天气晴好，鱼不"浮头"、水温较低的下半夜、黎明或早晨捕捞，以便减少影响和方便活鱼上市。此外，良好的网具、避免过分伤鱼也是值得注意的。为此，也不能轮捕过多，一般 1～2 次，不超过 3 次。如果捕捞次数过多，再加上捕捞技术不好，鱼受伤过重，造成的死亡过多，则得不偿失。

！温馨提示

（1）如果捕捞的鱼太多，上市的鱼卖不完，可以先放掉一部分。如果发现鱼体表已经充血，不要回塘。

（2）捕捞后，鱼体分泌大量的黏液，同时池水混浊，耗氧量增加，必须立即加注新水或开动增氧机，刺激鱼顶水，以冲洗鱼体上过多黏液，增加溶解氧，缓解"浮头"症状。

（3）如发现鱼受伤比较重，应追加一次刺激性小的消毒药物，如二氧化氯等，同时在饲料中添加杀菌药物，防止疾病暴发。

（4）有的地方在拉网前 3～5 天提前在饲料中添加杀菌药物或免疫增强剂，效果很好，建议使用。

（5）如果池鱼有"浮头"征兆或正在"浮头"、发病的，应严禁拉网捕鱼。

（6）做好捕捞记录，包括品种、平均规格、重量、大致尾数等，为后面的养殖管理和饲料投喂提供较为准确的依据。

　　目前已有许多塘口改用在投饵机前用抬网设置捕鱼了。虽然这种网的面积相对小些，但只要鱼吃食好的话，进网的鱼数量却不会少，劳动强度不是很大，需要的人手也不多，较为灵活，对捕捞鲤鱼、鲫鱼等游动速度慢的鱼效果很好。如果拣鱼速度快，能及时将不能上市的鱼放回水体的话，则对鱼的损伤一般会很小。水体也不会受到像拉网那样带动底泥，致使大量有害物质翻出，引起鱼类产生应激反应和中毒。故在投饵机前用抬网捕鱼的次数可增加到 5 次以上或更多。

大水面捕捞作业

（一）大拉网捕捞法

大拉网是大水面养殖中常用的捕捞工具，由网头、翼网、上纲绳、下纲绳、浮子组成。根据捕捞水域地理特点确定翼网的宽度，其宽度小的 300 米，大的可达 1 000 米以上。拉网网片由尼龙线编织而成，上、下纲绳可选用聚乙烯线绞成的直径达 2 厘米的粗绳。要求用大拉网进行捕捞的地点水深适宜，起网岸边坡度平缓，网围底部较平坦。拉网人员可确定在 20～40 人。大拉网捕捞法主要用于捕捞鲢鱼、鳙鱼等中上层鱼类。

（二）抄网捕捞法

抄网由 50 米长、15 米宽的网翼及上、下纲绳组成。作业时两只船上的捕捞人员各拉一边的上、下纲绳，加大船速，迅速捕捞一定范围内的中上层鱼类。

因冬季鱼类活动能力相对较弱，因此抄网捕捞时间一般选择在冬季。抄网捕捞法操作方便，动作迅速。作业人数一般为 6～8 人，每条船上 3～4 人。

（三）钩钓捕捞法

钩钓捕捞是指在一根长线上安装钓钩，并在钩上装上水蛭、蚯蚓、小鱼等诱饵，然后把钓钩放在鱼类活动的通道上，晚放早收。用这种捕捞方法可以捕获鳗鱼、鲫鱼、鲤鱼、黄颡鱼、鳜鱼等。

（四）卡钓捕捞法

卡钩是用富有弹性的毛竹桠枝做成的。卡箍内装饵料，鱼吃卡食时，咬破卡箍，卡箍两头卡尖弹开，卡住鱼的口腔。卡钓捕捞法主要用于捕捞鲤鱼、鲫鱼、鳊鱼等底层鱼。

（五）地笼捕捞法

地笼捕捞法主要用于捕获大水面的蟹、鳖、虾等特种水产。

（六）刺网捕捞法

丝网由许多长方形的单位网片连接而成，一般上纲装有浮子，下纲装有沉子。丝网下在鱼类经常栖息或洄流的通道上，使鱼刺入网目或缠在网上而被捕捞。网目规格不同，所捕鱼的大小和品种也不同。各种鱼类都可以用此法捕获。具有装配简单、操作方便、捕鱼效果较好等优点。装配好的刺网为长条形，上纲装有浮子，下纲装沉子。作业时网片在水中保持垂直状态，设置在鱼类洄游路线上，使鱼刺入网目而被捕。调节浮子和沉子的大小，即能成为浮刺网或底刺网，捕捞上层鱼或捕捞底层鱼。

刺网多用尼龙丝编结，每片网长50米、高1米左右。网目的大小根据所捕鱼类的规格而定。作业时不受水库底部地形的影响，深水、浅水、静水、流水都可以使用。网在水中旋转时间，看鱼的多少而灵活掌握，鱼多时旋转时间宜短。

（七）三层刺网捕捞法

三层刺网是在单层刺网的基础上发展起来的，它的捕鱼效果比单层刺网好，在水库捕捞中被广泛使用。

三层刺网由三片网组成。外面两片网线粗，网目大，网衣矮，称"外网"；中间一片网线细，网眼小，网衣高，被夹在两片外网之间，称"中心网"。三片网结在同一的上纲和下纲上。装配好的网一般长50米，高10~20米。捕中、上层鱼类的"浮网"，浮力配备为沉力的1.5~2.5倍；捕底层鱼类的"沉网"，沉力配备比浮力大1~2倍。

三层刺网的捕鱼原理是利用鱼类通过一层大网目的外网，带动松弛的小网目的中心网网衣，进入另一层外网网衣，穿过网目形成一个网袋，鱼就落入"自制"的网袋而被捕。

三层刺网适用于不同类型的水库，不受库底地形和水深的限制，作业机动灵活，并可常年作业，产量较稳定。但它是一种定置渔具。如能配合赶鱼的方法，驱赶鱼群上网，效果则更好。

2 淡水鱼运输

鱼类味道鲜美，具有低脂肪、高蛋白的特点，是人们摄取动物性蛋白质的主要来源。鲜活的鱼无细菌感染，安全性强，能最大限度保留原有的风味和营养价值，身价要比冰鲜鱼高出一倍以上。目前国内市场对各种名贵鱼、贝、虾的活鲜销售量呈直线上升趋势。然而，我国幅员辽阔，南北海岸线长，水产品的消费地与产地之间往往有一段距离，在运输过程中，很多鱼因为缺氧或不适应环境而死亡，造成巨大经济损失。因此，提高活鱼的存活率是鱼类运输过程中必须解决的重要问题。

■ 保活运输的主要影响因素

（一）温度

每种鱼都有其生存的可适温度范围，超过或低于该水温范围，都会致死。一般在可适范围内，水温低时，呼吸频率减慢；反之，加快。有研究表明，温度每升高10℃，鱼类耗氧增加2～3倍，因此低温可减弱生物体新陈代谢的强度，从而也降低了其对氧的消耗，并抑制二氧化碳、氨氮、乳酸等的生成和微生物的生长，一定程度上保证了水质。同时降低温度可减少鱼类在运输过程中的活动量，减轻鱼因相互碰撞、撕咬所造成的鱼体损伤，保证了水产品的活体质量。由于大多数鱼类对温度较敏感，温度骤变时，会产生应激反应，导致其生病甚至死亡，因此宜采用缓慢降温方法，降温梯度一般不超过5℃/小时，这样可减少鱼的应激反应，提高成活率。

（二）水质

1. 酸碱度。水体中的pH能够直接影响到鱼体的生理状况，有毒的氨和二氧化碳的含量在水中的比例随 pH 变化，从而影响保活运输的存活率。鱼类最适合在中性和弱碱性的水中生活，各种鱼类有不同的最适 pH，一般范围为 6.5～9.0。当 pH 超出极限范围时，则往往破坏皮肤黏膜和鳃部组织，直接对鱼体造成危害。

2. 溶解氧。水中溶氧量是影响鱼体存活率的重要因素之一。在高密度、长时间、远距离的保活运输过程中要保持充足的氧供给，才能保证较高的存活率。在保活运输时，水温较低，有利于提高氧气的溶解度，并且氧气的分压与溶解度成正比，所以应在活鱼可适温度范围内，尽量降低水温，以提高溶氧量。此外，鱼处于兴奋状态，也会加速耗氧，可通过添加麻醉剂诱导休眠或低温诱导冬眠来降低鱼因环境不适造成的应激反应，降低氧的消耗。

3. 氨氮和代谢废物。在运输过程中，由于鱼的排泄物及黏液等不断积累，造成水体悬浊物不断增多，若不及时进行处理，将使黏液、剥离组织碎片、有机物等悬浊物附着于鱼体鳃孔，影响有效气体交换的面积，造成摄氧困难，且易造成微生物大量生长，使水中氧气减少。另外，氨氮和尿素是鱼类的主要排泄物，在保活运输过程中，由于代谢作用导致水中氨氮含量有所增加，对鱼有较强的毒性作用，特别是非离子氨对鱼产生极强毒性作用，如不控制，就会导致鱼中毒死亡。

（三）鱼的体质

鱼体质的强弱与成活率有很大关系。瘦弱或有伤、有病的鱼耐低氧能力较差，对水质、颠簸（震动）等恶劣环境抵御能力差，经不起长途运输。因此，必须选择体质健壮、无病、无伤、适应能力强的个体作为活运对象。另外，准备装运的鱼至少应停食一天，以减少活鱼运输途中其对氧的消耗和应激反应。

（四）鱼的种类、规格

1. 鱼的种类。因不同种类的鱼生活习性不同，它们对外界的反应敏感程度也有差异。比如鲢鱼性情急躁，受惊即跳跃或激烈挣扎，其运输过程中就容易受伤，而鳙鱼、鲫鱼性温顺，受惊不跳跃，其运输过程中就不易受伤。

各种鱼类的耗氧率和对环境变化的适应力不同，其耐运输的能力也不同。活鱼运输容器内装水量有限，鱼类密度高，鱼类呼吸使水体缺氧（封闭式充氧运输除外），二氧化碳及粪尿等代谢排泄物会使水体严重污染，运输过程中由于颠簸、鱼体挣扎跳跃，消耗体力且容易受伤，因此，耗氧率低、耐低氧并对恶劣环境适应力强、性温顺或不善跳跃的鱼类，耐运能力就强。

2. 鱼的规格。同种鱼类，其个体大小不同，耗氧率也有差异。个体越小，单位体重的耗氧率越大。

（五）监控措施

目前，国内的活鱼运输设备中缺少监控设施，人们只是凭感觉和经验来运输，而每次造成鱼死亡的原因根本不清楚。如果在运输过程中能时刻监测水中的温度、溶氧量、二氧化碳含量、pH 等指标，进行分析判断，及时采取各种措施，消除不利因素，最大限度地满足鱼类的存活需求，就能有效提高保活运输中的存活率。

■ 运输前的准备和运输器具

（一）运输前的准备

做好运输前的各项准备工作，是获得运输成功的基础。运输前的准备工作主要有以下几个方面。

1. 制订运输计划。运输前必须制订周密的运输计划。根据鱼的种类、大小、数量、运输温度和运输时间等确定运输方法，安排好交通工具。洽谈落实有关运输的各项事宜。

2. 人员配备。运输前须做好起运点、转运点、目的地等各环节的人员组织安排，且需分工负责，互相配合，保证运输顺利进行。

3. 准备好运输器具。根据运输的实际情况准备好运输容器和所有相关工具设备，并须检验与试用，看有无损坏或不足，以利于及时

修补、添置，同时还应准备一定数量的备用器具

4. 做好鱼体锻炼。在长途运输夏花、鱼种、食用鱼或亲鱼前，应进行拉网锻炼，鱼种、食用鱼和亲鱼还需放在网箱内停食暂养，以减少其排泄物，增强耐运力。

（二）运输器具

目前生产上常用的运输器具有鱼篓、塑料袋、橡胶袋、活鱼箱、活鱼船等。

1. 鱼篓。鱼篓一般用于短途运输，由竹篾编成，可直接在内壁衬一层塑料布，也可用油布挂在篓内使用。

2. 塑料袋。塑料袋俗称尼龙袋，用透明聚乙烯薄膜（厚 0.1 毫米）电烫加工而成，可用于鱼苗、鱼种运输。规格为 70 厘米×40 厘米，袋口呈管状，宽 8～10 厘米，长 12～15 厘米，袋容积约 20 升。塑料袋规格可自行设计，但不宜过大，否则容易破裂。塑料袋均用于加水充氧密封式活鱼运输。该袋轻便光滑，具有弹性，鱼体在袋内挣扎、冲撞也不易受伤。缺点是容易破损，故通常只使用一次。生产上为保证运输安全，常采用双套袋（此时内袋可采用密封性能好，但不耐冲击的强力塑料薄膜；外袋仍用厚度为 0.1 毫米的塑料薄膜，密封性能虽不及前者，但较耐冲击），同时外包纸板箱。装好鱼的塑料袋放入纸板箱时应固定好，避免其在箱中滚动而影响运输成活率。用纸板箱包装有隔热、遮光、搬运方便等功用。

3. 橡胶袋。橡胶是用厚度约 1 毫米的橡胶布制成，宽 80～100 厘米，长 200～250 厘米。橡胶袋实际上是放大了的塑料袋，运输方法也同塑料袋。与塑料袋相比，橡胶袋解决了塑料袋易破损、容量小、只能使用一次的弊端，其主要用于食用鱼和亲鱼的运输，但价格较贵。

4. 活鱼箱。活鱼箱是用钢板或铝板焊接而成装载活鱼的容器，安装于载重汽车上，适宜于运输食用鱼。箱内配有增氧、制冷降温装置及抽水机等。目前，用活鱼箱作为运输容器时，增氧有以下几种方式：①增氧系统采用以喷水式为主，射流式为辅。②采用射流增氧系

统。③开敞式增氧，活鱼箱上端留 30 厘米干舷，箱顶无盖，设限位的金属拦鱼网，以免溢水，但活鱼箱容积不能得到充分利用。④纯氧增氧，其运输效果好，运行时间长，成活率高，可充分利用鱼箱容积，但造价较贵。

5. 活水船。目前活水船均配以动力，被广泛用于成鱼及亲鱼和鱼种的运输。目前使用的活水船主要有以下几种。

（1）普通活水船。船舱分为三舱，中、后两舱不装鱼，用以控制船体吃水深度，前舱为鱼舱。活水舱前端底部两侧为一方形水门，水门上设有拦鱼栅，配有木栓，可以启闭。鱼舱后部两侧各开两个出水孔，也配有拦鱼栅及木栓，可以启闭。活水船行进时水从前端水门进入，后部两侧水孔排出，使舱内水体得以交换。

由于此类活水船没有增氧等专用设备，如船在污水区域航行时，其进、出水门必须关闭，时间太长，鱼的生存就会受到严重威胁，因此其航线受严格限制，同时鱼的装载量也较低。

（2）喷淋增氧活水船。即在原来普通活水船的活水舱内安装喷淋式增氧装置。该装置由柴油机、水泵、喷水管、阀门等组成。由柴油机驱动水泵，将鱼舱底部的水抽吸上来送至喷水管，通过喷水管再喷洒于鱼舱水面进行增氧。运输过程中，一方面打开前后进、出水阀进行鱼舱换水，同时开动增氧装置增氧，这样装运的鱼、水比，夏季可为 1∶3，冬季约为 1∶2。

（3）射流增氧活水船。射流增氧活水船是将喷淋增氧活水船的喷淋式增氧装置改为射流增氧式增氧装置，并加装净水、制冷装置而成。其优点是运输时间较长，鱼、水比可进一步缩小。

活鱼运输方法

提高活鱼运输存活率的方法从原理上讲包括了两个方面：一是降低鱼的代谢强度，二是改善运输水体的水质环境。前者可采用物理化学麻醉法以及降低水体和活鱼的温度等措施完成，后者可采用供氧，添加各种缓冲体系、抑菌剂、防泡剂和沸石等措施来实现。

（一）尼龙袋充氧运输

该法适用于高档水产品的长距离运输，若配备冷藏车效果更佳。其中，用厚0.1毫米的双层塑料尼龙袋充氧密封运输最为常用，袋中鱼、水、氧气的比例为1：1：4，活鱼存活率80％以上。气温高时，可在箱内放1袋冰块降温。此法不受运输车辆限制，但尼龙袋只能使用1～2次，途中要注意检查袋是否有刺破炸裂而产生漏水、漏气现象，要及时换袋和补充氧气。

（二）保湿干法运输

部分特种水产动物体表有特殊呼吸器官，短期抗缺水能力强，在运输时常采用无水运输，保持体表湿润即可，例如鳖、乌龟、鳗、黄鳝、泥鳅等。保湿干运可分分箱式保湿干运与尼龙袋充氧保湿干运，适合车运、船运与空运。保湿干法的特点是：不用水，运载量大，无污染，质量高等。采用保湿干法时，应始终保持一定的湿度，满足这些特种水产动物对水分的最低需求，同时尽量在低温条件下运输。

（三）无水模拟冬眠运输

模拟冬眠法是利用鱼的生态冰温，通过低温环境作用，使鱼进入类似于"冬眠"的睡眠状态，以降低鱼的活动强度、新陈代谢和耗氧率，再将进入休眠状态的活鱼捞出，放入无水环境进行低温运输。运输结束后，将鱼放入清水中迅速复苏，该法使鱼运输的存活率大大提高。

（四）水车运输

水车运输是利用保温箱体加水后把鱼放入其中，通过货车将其运输至目的地的活鱼运输方法。主要由承载鱼箱的卡车、装鱼的箱体、氧气罐及输送气体的管道等部分组成。

运输方式是：拉网时将鱼箱加满池塘里的水，待鱼起捕后将鱼放入鱼箱内，运输至加水站加入井水。将水温调低后，加入冰块，进行长途运输。国家有支持农业政策，活鱼运输高速公路实现免费通行，这样的运输方式灵活机动，可以较快地到达目的地。

参考文献

龚世园.2014.淡水捕捞学（第二版）.北京：中国农业出版社.

黄鹤.2011.农民朋友一定要了解的99个捕捞知识.南昌：江西教育出版社.

吕飞，陈灵君，丁玉庭.2012.鱼类保活及运输方法的研究进展.食品研究与开发（10）.

聂锋.2008.活鱼运输实用技术.河北渔业（10）.

唐志勇.2006.活水鱼运输技术.渔业致富指南（24）.

吴际萍，程君晖，王海霞，等.2008.淡水活鱼运输现状及发展前景.农技服务（25）.

钟诗群.2013.大水体黄颡鱼的捕捞技术与方法.科学养鱼（2）.

单元自测

1. 淡水鱼的捕捞方式有哪几种？

2. 若想部分出售池塘里的养殖鱼类，可以采用何种捕捞方式进行捕捞？

3. 面积较大的精养池塘如何进行养殖鱼类的捕捞？

学习笔记

模块七

养殖设施的建造与维护

1 养殖场规划

▶ 主要养殖模式

养殖场的建设可分为经济型池塘养殖模式、标准化池塘养殖模式、生态节水型池塘养殖模式、循环水池塘养殖模式四种类型。具体应用时，可以根据养殖场具体情况，因地制宜，在满足养殖规范规程和相关标准的基础上，对相关模式具体内容做适度调整。

（一）经济型池塘养殖模式

经济型池塘养殖模式是目前池塘养殖生产所必须达到的基本模式要求，须具备以下要求：养殖场有独立的进、排水系统，池塘符合生产要求，水源水质符合国家标准，养殖场有保障正常生产运行的水电、通信、道路、办公值班等基础条件，养殖场配备生产所需要的增氧、投饲、运输等设备，养殖生产管理符合无公害水产品生产要求等。

（二）标准化池塘养殖模式

标准化池塘养殖场应包括标准化的池塘、道路、供水、供电、办公等基础设施，还有配套完备的生产设备，养殖用水要达到渔业水质标准，养殖排放水达到淡水池塘养殖水排放要求。标准化池塘养殖模式应有规范化的管理方式，有苗种、饲料、肥料、渔药、化学品等养殖投入品管理制度，还有养殖技术、计划、人员、设备设施、质量销售等生产管理制度。

（三）生态节水型池塘养殖模式

生态节水型池塘养殖模式是在标准化池塘养殖模式基础上，利用养殖场及周边的沟渠、荡田、稻田、藕池等对养殖排放水进行处理排放或回用的池塘养殖模式，具有"节水再用，达标排放，设施标准，管理规范"的特点。

（四）循环水池塘养殖模式

循环水池塘养殖模式是一种比较先进的池塘养殖模式，它具有标准化的设施设备条件，并通过人工湿地、高效生物净化塘、水处理设施设备等对养殖排放水进行处理后循环使用。循环水池塘养殖系统一般有池塘、渠道、水处理系统、动力设备等组成。

■ 场址条件

（一）规划要求

新建、改建池塘养殖场必须符合当地的规划发展要求，养殖场的规模和形式要符合当地社会、经济、环境等发展的需要。

（二）自然条件

新建、改建池塘养殖场要充分考虑当地的水文、水质、气候等因素，结合当地的自然条件决定养殖场的建设规模、建设标准，并选择适宜的养殖品种和养殖方式。

在规划设计养殖场时，要充分勘查了解规划建设区的地形、水利等条件，有条件的地区可以充分考虑利用地势自流进、排水，以节约动力提水所增加的电力成本。规划建设养殖场时还应考虑洪涝、台风等灾害因素的影响，在设计养殖场进、排水渠道，池塘塘埂，房屋等建筑物时应注意考虑排涝、防风等问题。

北方地区在规划建设水产养殖场时，需要考虑寒冷、冰雪等对养殖设施的破坏，在建设渠道、护坡、路基等设施时应考虑防寒措施。

南方地区在规划建设养殖场时，要考虑夏季高温气候对养殖设施的影响。

（三）水源、水质条件

新建池塘养殖场要充分考虑养殖用水的水源、水质条件，一般应选择在水量丰足、水质良好的地区建场。水产养殖场的规模和养殖品种要结合水源情况来决定。采用河水或水库水作为养殖水源，要考虑设置防止野生鱼类进入的设施，以及周边水环境污染可能带来的影响。

水产养殖场的取水口应建到上游部位，排水口建在下游部位，防止养殖场排放水流入进水口。

（四）土壤、土质条件

池塘土壤要求保水力强，最好选择黏质土或壤土、沙壤土的场地建设池塘，这些土壤建塘不易透水渗漏，筑基后也不易坍塌。

沙质土或含腐殖质较多的土壤，保水力差，做池埂时容易渗漏、崩塌，不宜建塘。含铁质过多的赤褐色土壤，浸水后会不断释放出赤色浸出物，对鱼类生长不利，也不适宜建设池塘。pH 低于 5 或高于 9.5 的土壤地区不适宜挖塘。

（五）电力、交通、通信条件

水产养殖场需要有良好的道路、交通、电力、通信、供水等基础条件。新建、改建养殖场最好选择在"三通一平"的地方建场，如果不具备以上基础条件，应考虑这些基础条件的建设成本，避免因基础条件不足影响到养殖场的生产发展。

🔳 养殖场布局

水产养殖场应本着"以渔为主、合理利用"的原则来规划和布局，养殖场的规划建设既要考虑近期需要，又要考虑到今后发展。水产养殖场的规划建设应遵循以下原则。

1. 合理布局。 根据养殖场规划要求合理安排各功能区，做到布局协调、结构合理，既满足生产管理需要，又适合长期发展需要。

2. 利用地形结构。 充分利用地形结构规划建设养殖设施。

3. 就地取材，因地制宜。 在养殖场设计建设中，要优先考虑选用当地建材，做到取材方便、经济可靠。

4. 搞好土地和水面规划。 养殖场规划建设要充分考虑养殖场土地的综合利用问题，利用好沟渠、塘埂等土地资源，实现养殖生产的循环发展。

2 养殖主体设施的建造和维护

🔳 池塘

池塘是养殖场的主体部分。按照养殖功能分，有亲鱼池、鱼苗池、鱼种池和成鱼池等。池塘面积一般占养殖场面积的65％～75％。各类池塘所占的比例一般按照养殖模式、养殖特点、品种等来确定。

（一）形状和朝向

池塘形状主要取决于地形、品种等要求。一般为长方形，也有圆形、正方形、多角形的池塘。长方形池塘的长、宽比一般为（2～4）∶1。

长、宽比大的池塘水流状态较好，管理操作方便；长、宽比小的池塘，池内水流状态较差，存在较大死角和死区，不利于养殖生产。

池塘的朝向应尽量使池面充分接受阳光照射，满足水中天然饵料的生长需要。池塘朝向也要考虑是否有利于风力搅动水面，增加溶解氧。

（二）面积和深度

面积较大的池塘建设成本低，但不利于生产操作，进、排水也不方便。面积较小的池塘建设成本高，便于操作，但水面小，风力增氧、水层交换差。大宗鱼类养殖池塘按养殖功能不同，其面积不同。另外，养殖品种不同，池塘的面积也不同，淡水虾、蟹养殖池塘的面积一般在10～30亩，太小的池塘不符合虾、蟹的生活习性，也不利于水质管理。特色品种的池塘面积一般应根据品种的生活特性和生产操作需要来确定。

养鱼池塘有效水深不低于1.5米，一般成鱼池的深度在2.5～3.0米，鱼种池在2.0～2.5米；虾、蟹池塘的水深一般在1.5～2.0米。北方越冬池塘的水深应达到2.5米以上。池埂顶面一般要高出池中水面0.5米左右。

水源季节性变化较大的地区，在设计建造池塘时应适当考虑加深池塘，维持水源缺水时池塘有足够水量。

深水池塘一般是指水深超过3.0米以上的池塘，深水池塘可以增加单位面积的产量，节约土地，但需要解决水层交换、增氧等问题。

（三）池埂

池埂是池塘的轮廓基础，池埂结构对于维持池塘的形状、方便生产以及提高养殖效果等有很大的影响。

池塘塘埂一般用匀质土筑成，埂顶的宽度应满足拉网、交通等需要，一般在1.5～4.5米。

（四）护坡

护坡具有保护池形结构和塘埂的作用，但也会影响到池塘的自净能力。一般根据池塘条件不同，池塘进、排水等易受水流冲击的部位应采取护坡措施，常用的护坡材料有水泥预制板、混凝土、防渗膜等。采用水泥预制板、混凝土护坡的厚度应不低于5厘米、防渗膜或石砌坝应铺设到池底。

1. 水泥预制板护坡。水泥预制板护坡是一种常见的池塘护坡方式。护坡水泥预制板的厚度一般为5～15厘米，长度根据护坡断面的长度决定。较薄的预制板一般为实心结构，5厘米以上的预制板一般采用楼板方式制作。水泥预制板护坡需要在池底下部30厘米左右建一条混凝土圈梁，以固定水泥预制板，顶部要用混凝土砌一条宽40厘米左右的护坡压顶。

2. 混凝土护坡。混凝土护坡是用混凝土现浇护坡的方式，具有施工质量高、防裂性能好的特点。采用混凝土护坡时，需要对塘埂坡面基础进行整平、夯实处理。混凝土现浇护坡一般用素混凝土，也有用钢筋混凝土形式。混凝土护坡的坡面厚度一般为5～8厘米。

3. 地膜护坡。一般采用高密度聚乙烯（HDPE）塑胶地膜或复合土工膜护坡。HDPE膜具抗拉伸、抗冲击、抗撕裂、强度高和耐静水压高的特点，在耐酸碱腐蚀、抗微生物侵蚀及防渗滤方面也有较好性能，且表面光滑，有利于消毒、清淤和防止底部病原体的传播。HDPE膜护坡既可覆盖整个池底，也可以周边护坡。

4. 砖石护坡。浆砌片石护坡具有护坡坚固、耐用的优点，但施工复杂，砌筑用的片石石质要求坚硬，片石用作镶面石和角隅石时还需要加工处理。

（五）池底

池塘底部要平坦，为了方便池塘排水、水体交换和捕鱼，池底应有相应的坡度，并开挖相应的排水沟和集池坑。池塘底部的坡度一般为1：（200～500）。在池塘宽度方向，应使两侧向池中心倾斜。

面积较大且长、宽比较小的池塘，底部应建设主沟和支沟组成的排水沟。主沟最小纵向坡度为1：1 000，支沟最小纵向坡度为1：200。相邻的支沟相距一般为10～50米，主沟宽一般为0.5～1.0米，深0.3～0.8米。

面积较大的池塘可按照回形鱼池建设，池塘底部建设有台地和沟槽。台地及沟槽应平整，台面应倾斜于沟，坡降为1：（1 000～2 000），沟、台面积比一般为1：（4～5），沟深一般为0.2～0.5米。

在较大的长方形池塘内坡上，为了投饵和拉网方便，一般应修建一条宽度约 0.5 米的平台，平台应高出水面。

（六）进、排水设施

1. 进水闸门、管道。池塘进水一般是通过分水闸门控制水流通过输水管道进入池塘，分水闸门一般为凹槽插板的方式，很多地方采用预埋 PVC 弯头拔管方式控制池塘进水，这种方式防渗漏性能好，操作简单。

池塘进水管道一般用水泥预制管或 PVC 波纹管，较小的池塘也可以用 PVC 管或陶瓷管。池塘进水管的长度应根据护坡情况和养殖特点决定，一般在 0.5～3.0 米。进水管太短，容易冲蚀塘埂；进水管太长，又不利于生产操作和成本控制。

池塘进水管的底部一般应与进水渠道底部平齐，渠道底部较高或池塘较低时，进水管可以低于进水渠道底部。进水管中心高度应高于池塘水面，以不超过池塘最高水位为好。进水管末端应安装口袋网，防止池塘鱼类进入水管和杂物进入池塘。

2. 排水井、闸门。每个池塘一般设有一个排水井。排水井采用闸板控制水流排放，也可采用闸门或拔管方式进行控制。拔管排水方式易操作，防渗漏效果好。排水井一般为水泥砖砌结构，有拦网、闸板等凹槽。池塘排水通过排水井和排水管进入排水渠，若干排水渠汇集到排水总渠，排水总渠的末端应建设排水闸。

排水井的深度一般应到池塘的底部，可排干池塘全部水为好。有的地区由于外部水位较高或建设成本等问题，排水井建在池塘的中间部位，只排放池塘 50% 左右的水，其余的水需要靠动力提升，排水井的深度一般不应高于池塘中间部位。

▰ 进、排水系统

水产养殖场的进、排水渠道一般是利用场地沟渠建设而成，在规划建设时应做到进、排水渠道独立，严禁进、排水交叉污染，防止鱼病传播。设计规划养殖场的进、排水系统还应充分考虑场地的具体地形条件，尽可能采取一级动力取水或排水，合理利用地势条件设计进、排水自流形式，降低养殖成本。

养殖场的进、排水渠道一般应与池塘交替排列，池塘的一侧进水另一侧排水，使得新水在池塘内有较长的流动混合时间。

（一）泵站、自流进水

池塘养殖场一般都建有提水泵站，泵站大小取决于装配泵的台数。根据养殖场规模和取水条件选择水泵类型和配备台数，并装备一定比例的备用泵，常用的水泵主要有轴流泵、离心泵、潜水泵等。

（二）进水渠道

进水渠道分为进水总渠、进水干渠、进水支渠等。进水总渠设进水总闸，总渠下设若干条干渠，干渠下设支渠，支渠连接池塘。总渠应按全场所需要的水流量设计，总渠承担一个养殖场的供水，干渠分管一个养殖区的供水，支渠分管几口池塘的供水。

进水渠道大小必须满足水流量要求，做到水流畅通，容易清洗，便于维护。进水渠道工程包括渠道和渠系建筑物两个部分。渠系建筑物包括水闸、倒虹吸管、涵洞、跌水与陡坡等。按照建筑材料不同，进水渠道分为土渠、石渠、水泥板护面渠道、预制拼接渠道、水泥现浇渠道等。按照渠道结构可分为明渠、暗渠等。明渠结构具有设计简单、便于施工、造价低、使用维护方便、不易堵塞的优点，缺点是占地较多、杂物易进入等。明渠断面一般有三角形、半圆形、矩形和梯形四种形式，一般采用水泥预制板护面或水泥浇筑，也有用水泥预制槽拼接或水泥砖砌结构，还有沥青、块石、石灰、三合土等护面形式，建设时可根据当地的土壤情况、工程要求、材料来源等灵活选用。

（三）分水井

分水井又称集水井，设在鱼塘之间，是干渠或支渠上的连接结构，一般用水泥浇筑或砖砌。

分水井一般采用闸板控制水流，也有采用预埋 PVC 拔管方式控制水流，采用拔管方式控制分水井结构简单，防渗漏效果较好。

（四）排水渠道

排水渠道是养殖场进、排水系统的重要部分。水产养殖场排水渠道的大小、深浅要结合养殖场的池塘面积、地形特点和水位高程等。排水渠道一般为明渠结构，也有采取水泥预制板护坡形式。

排水渠道要做到不积水、不冲蚀、排水通畅。排水渠道的建设原则是：线路短、工程量小、造价低、水面漂浮物及有害生物不易进渠、施工容易等。

养殖场的排水渠一般应设在场地最低处，以利于自流排放。排水渠道应尽量采用直线，减少弯曲，缩短流程，力求工程量小，占地少，水流通畅，水头损失小。排水渠道应尽量避免与公路、河沟和其他沟渠交叉，在不可避免发生交叉时，要结合具体情况，选择工程造价低、水头损失小的交叉设施。排水渠线应避免通过土质松软、渗漏严重地段，无法避免时应采用砌石护渠或其他防渗措施，以便于支渠引水。

养殖场排水渠道一般低于池底 30 厘米以上，排水渠道同时作为排洪渠时，其横断面积应与最大洪水流量相适应。

■ 场地和道路

养殖场的场地、道路是货物进出和交通的通道，建设时应考虑较大型车辆的进出，尽量做到货物车辆可以到达每个池塘，以满足池塘养殖生产的需要。

养殖场道路包括主干道、副干道、生产道路等；场地包括生产场地、生活办公场地、绿化场地等。养殖场主干道一般净宽 4 米以上，采用水泥或柏油铺设路面。

■ 越冬和繁育设施

鱼类越冬、繁育设施是水产养殖场的基础设施。根据养殖特点和建设条件不同，越冬温室有面坡式日光温室、拱形日光温室等形式。繁育设施一般有产卵设施、孵化设施等。

（一）温室

水产养殖场的温室主要用于一些养殖品种的越冬和鱼苗繁育需要。水产养殖场温室建设的类型和规模取决于养殖场的生产特点、越冬规模、气候因素以及养殖场的经济情况等。

水产养殖场温室一般采用坐北朝南方向。这种方向的温室采光时间长、阳光入射率高、光照度分布均匀。温室建设应考虑不同地区的抗风、抗积雪能力。

1. 面坡式温室。面坡式温室是一种结构简单的土木结构或框架结构温室，有单面坡温室、双面坡温室等形式。单面坡温室在北方寒冷地区使用较多，一般为土木结构，单面坡日光温室具有保温效果好、防风抗寒、建造成本低的特点，缺点是空间矮，操作不太方便。

2. 拱形日光温室。拱形日光温室是一种广泛使用的越冬温室，依据骨架结构不同，分为竹木结构温室、钢筋水泥柱结构温室、钢管架无柱结构温室等。

采光板拱形日光温室一般采用镀锌钢管拱形钢架结构，跨度10～15米，顶高3～5米，肩高1.5～3.5米，间距4米。采光板温室的特点是结构稳定、抗风雪能力强、透光率适中、使用寿命长。

（二）繁育设施

鱼苗繁育是水产养殖场的一项重要工作，对于以鱼苗繁育为主的水产养殖场，需要建设适当比例的繁育设施。鱼类繁育设施主要包括产卵设施、孵化设施、育苗设施等。

1. 产卵设施。产卵设施是一种模拟江河天然产卵场的流水条件建设的产卵用设施。产卵设施包括产卵池，集卵池和进、排水设施。产卵池的种类很多，常见的为圆形产卵池，目前也有玻璃钢产卵池、PVC编织布产卵池等。

传统产卵池面积一般为50～100米²，池深1.5～2.0米，水泥砖砌结构，池底向中心倾斜。池底中心有一个方形或圆形出卵口，上盖拦鱼栅。出卵口由暗管引入集卵池，暗管为水泥管、搪瓷管或 PVC 管，直径一般 20～25 厘米。集卵池一般长 2.5 米，宽 2 米，集卵池的底部比产卵池底低 25～30 厘米。集卵池尾部有溢水口，底部有排水口。排水口由阀门控制排水。集卵池墙一边有阶梯，集卵绠网与出卵暗管相连，放置在集卵池内，以收集鱼卵。

产卵池一般有一个直径 15～20 厘米进水管，进水管与池壁成 40°角左右切线，进水口距池顶端 40～50 厘米。进水管设有可调节水流量的阀门，进水形成的水流不能有死角，产卵池的池壁要光滑，便于冲卵。

2. 孵化设施。鱼苗孵化设施是一类可形成均匀的水流，使鱼卵在溶解氧充足、水质良好的水流中孵化的设施。鱼苗孵化设施的种类很多，传统的孵化设施主要有孵化桶（缸）、孵化环道和孵化槽等，也有矩形孵化装置和玻璃钢小型孵化环道等新型孵化设施系统。

孵化环道一般采用水泥砖砌结构，由蓄水、过滤池、环道、过滤窗、进水管道、排水管道等组成。

孵化环道的蓄水池可与过滤池合并，外源水进入蓄水池时一般安装 60～70 目的锦纶筛绢或铜纱布过滤网。过滤池一般为快滤池结构，根据水源水质状况配置快滤池面积、结构。孵化环道的出水口一般为鸭嘴状喷水头结构。

孵化环道的排水管道直接将溢出的水排到外部环境或水处理设施，经处理后循环使用。出苗管道一般与排水管道共用，并有一定的坡度，以便于出水。过滤纱窗一般用直径 0.5 毫米的乙纶或锦纶网制作，高 25～30 厘米，竖直装配，略往外倾斜。环道宽度一般为 80 厘米。

3 养殖附属设施的建造和维护

建筑物

水产养殖场应按照生产规模、要求等建设一定比例的生产、生活、办公等建筑物。建筑物的外观形式应做到协调一致、整齐美观，尽可能设在水产养殖场中心或交通便捷的地方。

水产养殖场建筑物的占地面积一般不超过养殖场土地面积的 0.5%。

（一）生产、生活房屋

水产养殖场一般应建设生产办公楼、生活宿舍、食堂等建筑物。生产办公楼的面积应根据养殖场规模和办公人数决定，适当留有余地，一般以 1 米^2/亩的比例配置为宜。

（二）库房

水产养殖场应建设满足养殖场需要的渔具仓库、饲料仓库和药品仓库。库房面积根据养殖场的规模和生产特点决定。库房建设应满足防潮、防盗、通风等功能。

（三）值班房屋

水产养殖场应根据场区特点和生产需要建设一定数量的值班房屋。值班房屋兼有生活、仓储等功能。值班房的面积一般为 30～80 米^2。

（四）大门、门卫房

水产养殖场一般应建设大门和门卫房。大门要根据养殖场总体布局特点建设，做到简洁、实用。

（五）围护设施

水产养殖场应充分利用周边的沟渠、河流等构建围护屏障，以保障场区的生产、生活安全。根据需要可在场区四周建设围墙、围栏等防护设施，有条件的养殖场还可以建设远红外监控设备。

■ 配套设施

（一）供电设施

水产养殖场需要稳定的电力供应，供电情况对养殖生产影响重大，应配备专用的变压器和配电线路，并备有应急发电设备。水产养殖场的供电系统应包括以下部分。

1. 变压器。水产养殖场一般按每亩 0.75 千瓦以上配备变压器，即 100 亩规模的养殖场需配备 75 千瓦的变压器。

2. 高、低压线路。高、低压线路的长度取决于养殖场的具体需要，高压线路一般采用架空线，低压线路尽量采用地埋电缆，以便于养殖生产。

3. 配电箱。配电箱主要负责控制增氧机、投饲机、水泵等设备，并留有一定数量的接口，便于增加电气设备。配电箱要符合野外安全要求，具有防水、防潮、防雷击等性能。水产养殖场配电箱的数量一般按照每两个相邻的池塘共用一个配电箱，如池塘较大较长，可配置多个配电箱。

4. 路灯。在养殖场主干道路两侧或辅道路旁应安装路灯，一般每 30～50 米安装路灯一盏。

（二）供水设施

水产养殖场应安装自来水，满足养殖场工作人员生活需要。条件不具备的养殖场可采取开挖可饮用地下水，经过处理后满足工作人员生活需要。自来水的供水量大小应根据养殖小区规模和人数决定，自来水管线应按照市政要求铺设施工。

（三）生活垃圾、污水处理设施

水产养殖场要建设生活垃圾集中收集设施和生活污水处理设施。常用的生活污水处理设施有化粪池等。化粪池大小取决于养殖场常驻人数，三格式化粪池应用较多。水产养殖场的生活垃圾要定期集中收集处理。

4 养殖设备的使用与保养

水产养殖生产需要一定的机械设备。机械化程度越高，对养殖生产的作用越大。目前主要的养殖生产设备有增氧设备、投饲设备、排灌设备、底泥改良设备、水质监测调控设备、起捕设备、动力运输设备等。

■ 增氧设备

增氧机可以改善水质，增加水中的溶氧量，使鱼生活环境适宜。在鱼的最适生长温度区间内，鱼的活动量大，新陈代谢旺盛，耗氧率高；此外，在这个温度区间，池水中的粪便、淤泥等有机质分解速度很快，也需消耗大量的氧，若缺氧时便会因分解不完全而产生氨氮、硫化氢等有害物质，直接毒害鱼类。夏季雷雨天，水温高，大气压力低，水的溶氧量下降。同时有机质及鱼类的耗氧率皆升高，如无外界增氧措施，便极易造成"泛塘"。

增氧机不仅可以增加水中的溶氧量，而且可以曝除有害气体。叶轮式增氧机还能搅拌水体，促进表、底层水体交换。另外，高溶氧量时好氧腐败细菌活动强烈，有机质分解快而彻底，浮游植物所需的营养盐补充快，生长旺盛，池水中的有毒物——氨也能很快被硝化作用变成硝酸盐被吸收，从而给滤食性鱼类提供了更丰富的浮游生物，达到高产的目的。

（一）增氧机的种类

常用的增氧设备包括叶轮式增氧机、水车式增氧机、射流式增氧机、吸入式增氧机、涡流式增氧机、增氧泵、微孔曝气装置等。随着养殖需求和增氧机技术的不断提高，许多新型的增氧机不断出现，如涌喷式增氧机、喷雾式增氧机等。

1. 叶轮式增氧机。叶轮增氧机是通过电动机带动叶轮转动搅动水体，将空气和上层水面的氧气溶于水体中的一种增氧设备。

叶轮增氧机具有增氧、搅水、曝气等综合作用，是采用最多的增氧设备。叶轮增氧机的推流方向是以增氧机为中心做圆周扩展运动的，比较适宜于短宽的鱼溏。叶轮增氧机的增氧动力效率可达2千克/(千瓦·时)以上，一般养鱼池塘可按0.5～1.0千瓦/亩配备增氧机。

2. 水车式增氧机。水车增氧机是利用两侧的叶片搅动水体表层的水，使其与空气增加接触而增加水体溶解氧的一种增氧设备。水车增氧机的叶轮运动轨迹垂直于水平面，推流方向沿长度和宽度做直流运动和扩散，比较适宜于狭长鱼塘使用和需要形成池塘水流时使用。

水车增氧机的最大特点是可以造成养殖池中的定向水流，便于满足特殊鱼类养殖需要和清理沉积物。其增氧动力效率可达1.5千克/(千瓦·时)以上，每亩可按0.7千瓦的动力配备增氧机。

3. 射流式增氧机。射流式增氧机也称射流自吸式增氧机，是一种利用射流增加水体交换和溶解氧的增氧设备。与其他增氧机相比，具有结构简单、能形成水流和搅拌水体的特点。

射流式增氧机的增氧动力效率可达1千克/(千瓦·时) 以上，并能使水体平缓地增氧，不损伤鱼体，适合鱼苗池增氧使用。缺点是设备价格相对较高，使用成本也较高。

4. 吸入式增氧机。吸入式增氧机的工作原理是通过负压吸收空气，并把空气送入水中与水形成涡流混合，再把水向前推进进行增氧。

吸入式增氧机有较强的混合力，尤其对下层水的增氧能力比叶轮式增氧机强。比较适合于水体较深的池塘使用。

5. 涡流式增氧机。涡流式增氧机由电机、空气压送器、空心管、排气桨叶和漂浮装置组成。电机轴为一空心管轴，直接与空气压送器和排气桨叶相通，可将空气送入中下层水中形成汽水混合体，高速旋转形成涡流使上、下层水交换。

涡流式增氧机没有减速结构，自重小，没噪声，结构合理，增氧效率高。主要用于北方冰下水体增氧，增氧效率较高。

6. 增氧泵。 增氧泵是利用交流电产生变换的磁极，推动带有固定磁极的杆振动，在固定磁极杆的末端带有橡胶碗，杆在振动的同时会将空气压缩并泵出，压缩空气通过导管末端的气泡石被分成无数的小气泡，这样就增大了和水的接触面积，增加氧气的溶解速度。

增氧泵具有轻便、易操作及单一的增氧功能，一般适合水深在0.7米以下，面积在0.6亩以下的鱼苗培育池或温室养殖池中使用。

7. 微孔曝气装置。 是一种利用压缩机和高分子微孔曝氧管相配合的曝气增氧装置。曝气管一般布设于池塘底部，压缩空气通过微孔逸出形成细密的气泡，增加了水体的汽水交换界面，随着气泡的上升，可将水体下层水体中的粪便、碎屑、残饲以及硫化氢、氨等有毒气体带出水面。微孔曝气装置具有改善水体环境，溶解氧均匀、水体扰动较小的特点。其增氧动力效率可达1.8千克/（千瓦·时）以上。

还有许多其他类型的增氧机，如无油永磁直流增氧机、溶解氧自控增氧机等。总之选购增氧机时，一要注意产品型号与质量，二要考虑增氧效率，三要根据生产需要，选用两种增氧机配合使用，达到事半功倍的效果。

（二）增氧机安全操作方法

为了使增氧机正常运转作业，要注意做好安全操作方法。

安装时要切断电源。电缆线在池中不可当作绳子拉。应用锁夹固定在机架上，不得垂入水中，其余部分按电工有关规定引到岸上电源处。

增氧机入池开动后扭力很大，要加以固定。旋转时，产生的浪花很大，切不可乘坐浮物到增氧机近前观察。

增氧机工作时若发出"嗡嗡"声，应检查线路，有无缺相运行，如有应立即切断电源，接好保险丝后再重新开机。

护罩是保护电源不受雨水淋湿的装置，应正确安装；接线盒易受水的侵蚀，也要注意保护。

增氧机启动时，要观察转向及运转情况，如有异常声响、转向反向、运转不平稳等，应立即停机，排除异常现象后再开机。

增氧机的工作条件恶劣，用户应自行配备热继电器、温度继电器、热敏电阻保护器及电子保护装置等。

平时应注意叶轮上是否有缠绕物或附着物，如有应及时清除。每年要检查一次浮体，以免因浮体磨损降低浮力，致使负荷增大而烧坏电机。

增氧机下水时，整体应保持水平移入水中，防止减速器通气孔溢油。同时，严禁电机与水接触，以免因水浸而烧坏电机。

增氧机应有专人负责，责任人员应增强安全意识，对增氧机的运行及维修保养，要做好记录。

（三）增氧机节能措施

选择最佳开机时间，能高效、优质、低耗、增产增效，促进渔业的发展。根据经验，按下面几个时间开机，可从开机 6～10 小时减少到 3～5 小时，节约用电 60% 左右，而且能保证鱼类正常耗氧。

1. 黎明前开机。此时气压较低，鱼类及各种动植物已经经过一夜耗氧，开机 1～2 小时即可使水池水中溶氧量恢复到正常水平。

2. 中午 12:00～14:30 开机。此时是全天光照最佳时间，开机 1～2 小时，除了能向水中补充氧气外，还能促进池水交换，并利用浮游植物的光合作用，增加池水溶氧量，还可储存大量氧气，保障夜间需要。

3. 阴雨天气半夜开机。阴雨天气光照不佳，浮游植物光合作用不强，产生氧气能力弱。至半夜时，由池塘自身产生的氧气消耗较多，此时可以打开增氧机，及时增氧。

4. 缺氧时开动增氧机。虽然增氧机产生的氧气不是池塘溶解氧的主要来源，但是在池塘缺氧时，却可发挥"救命"的作用。当池鱼缺氧"浮头"时，开动增氧机，可暂时缓解缺氧现象，赢得解救时间。

5. 傍晚不开增氧机。傍晚光照减弱，光合作用几乎停止。此时池塘转入集中耗氧时期，若开动增氧机，会导致池塘底部缺氧的水体经搅动上浮，降低池塘表层水体溶氧量，同时有机质上浮，耗氧物质增多，氧气迅速消耗。

掌握正确的使用方法，除了采取上述选择最佳开机时间的措施外，还要因地、因季节、因天气变化灵活使用。如鱼类生产季节，晴天中午开机 0.5～1.0 小时，即可起搅水、改良水质作用。若阴雨天，白天不开夜里开，可防止与解决"浮头"的问题。

■ 投饲设备

投饲设备是利用机械、电子、自动控制等原理制成的饲料投喂设备。投饲机具有提高投饲质量、节省时间、节省人力等特点，已成为水产养殖场重要的养殖设备。投饲机一般由四部分组成：料箱、下料装置、抛撒装置和控制器。下料装置一般有螺旋推进式、振动式、电磁铁下拉式、转盘定量式、抽屉式定量下料式等。目前应用较多的是自动定时定量投饲机。

投饲机抛撒饲料一般使用电机带动转盘，靠离心力把饲料抛撒出去的方式，抛撒面积可达到 10～50 米^2。也有不使用动力的抛撒装置、空气动力抛撒装置、水输送抛撒装置、离心抛撒装置等。

（一）投饵机的安装

首先，安装投饵机要选择适合的位置，应面对鱼池的开阔面，这样投饵面宽；水位要深，以利鱼抢食。两池并列可共用一个投饵机，底盘做成活动的，转个向即可；调好投撒的远近距离及间隔时间即可。

其次，每周要确定一次池鱼的摄食量，这一周就可按此量放入投饵箱，按规定量投喂，最好不要随意增减。投饵量每周确定一次较为合适。

再次，要注意阴雨天停止投喂。另外，投饵机喂鱼时要观察鱼的吃食情况；每半月进行全池消毒时，要检查食台底部是否有饵料残渣。切忌料一倒就开机的做法。开机时不论鱼怎样吃食，机器都一样的投饵，到了后面鱼不吃了，机子仍在投，料就沉底，不仅浪费而且坏水。

最后，要及时调整投饵机的数量。同一季养殖的不同养殖阶段，会因池鱼生长后导致摄食量加大。此时因及时观察池鱼摄食状态，若有必要，需及时添置投饵机。投饵机过少会导致池鱼吃食时堆积，容易受伤且易形成局部缺氧区。

（二）投饵机的维护与保养

每天到晚必须将饲料投喂干净，不要剩料，以防饲料结块和老鼠咬断电线等问题的发生。

当投饵机主电机旋转 3～5 秒钟后，副电机开始工作带动送料盒振动下料，说明投饵机工作正常。如果主电机不工作，应立即切断电源，查明原因。检查出料口是否堵塞，出料口被饲料堵塞要及时清理，保证电机和甩料盘运转自如。检查电容是否损坏，如若损坏，及时更换，以防主电机损坏。

每个月要清理一次下料口、接料口、送料振动盒以防粉尘、饲料结块。每 6 个月进行一次清理保养，检查电线有无线头松动脱落和破损。如有，应加以拧紧或绝缘胶布包裹好。

检查轴承，适当加油，保证运转自如。检查电机轴上的止头螺丝是否松动，如有，应拧紧或更换，主、副电机工作正常。

电容是帮助电机启动的主要元器件，判别电容好坏的方法是：将电容的两根线头分别插入电源插座，将两根线头取出，进行接触，如出现火花，说明电容放电，可正常使用。

进入停食期后，投饵机停用，用户应将投饵机清理干净，切断电源，禁止在塘口露天存放。可采取保护措施覆盖或移至库房存放。

图 7-1　旋转式投饵机

图 7 - 2　自动投饵机

■ 排灌机械

主要有水泵、水车等设备。水泵是养殖场主要的排灌设备，水产养殖场使用的水泵种类主要有：轴流泵、离心泵、潜水泵、管道泵等。

水泵在水产养殖上不仅用于池塘的进水、排水、防洪排涝、水力输送等，在调节水位、水温、水体交换和增氧方面也有很大的作用。

养殖用水泵的型号、规格很多，选用时必须根据使用条件进行选择。轴流泵流量大，适合于扬程较低、输水量较大情况下使用。离心泵扬程较高，比较适合输水距离较远情况下使用。潜水泵安装使用方便，在输水量不是很大的情况下使用较为普遍。

■ 底质改良设备

底质改良设备是一类用于池塘底部沉积物处理的机械设备，分为排水作业和不排水作业两大类型。排水作业机械主要有立式泥浆泵、水力挖塘机组、圆盘耙、碎土机、犁等；不排水作业机械主要有水下清淤机等。

图7-3　进水口

池塘底质是池塘生态系统中的物质仓库，池塘底质的理化反应直接影响到养殖池塘的水质和养殖鱼类的生长，一般应根据池塘沉积情况采用适当的设备进行底质处理。

（一）立式泥浆泵

立式泥浆泵是一种利用单吸离心泵直接抽吸池底淤泥的清淤设备，主要用于疏浚池塘或挖方输土，还可用于浆状饲料、粪肥的汲送，具有搬运、安装方便，防堵塞效果好的特点。

（二）水利挖塘机组

水利挖塘机组是模拟自然界水流冲刷原理，借水力连续完成挖土、输土等工序的清淤设备。一般由泥浆泵、高压水枪、配电系统等组成。

水利挖塘机组具有结构简单、性能可靠、效率高、成本低、适应性强的特点。在池塘底泥清除、鱼池改造方面使用较多。

■ 水质检测设备

主要用于池塘水质的日常检测，水产养殖场一般应配备必要的水质检测设备。水质检测设备有便携式水质检测设备和在线检测控制设备等。

（一）便携式水质检测设备

便携式水质检测设备具有轻巧方便、便于携带的特点。适合于野外使用，可以连续分析测定池塘的一些水质理化指标，如溶解氧、酸碱度、氧化还原电位、温度等。水产养殖场一般应配置便携式水质监测仪器，以便及时掌握池塘水质变化情况，为养殖生产决策提供依据。

（二）在线监控系统

池塘水质检测控制系统一般由电化学分析探头、数据采集模块、组态软件配合分布集中控制的输入输出模块，以及增氧机、投饲机等组成。多参数水质传感器可连续自动监测溶氧量、温度、盐度、pH、化学需氧量（COD）等参数。检测水样一般采用取样泵通过管道传递给传感器检测，数据传输方式有无线或有线两种形式，水质数据通过集中控制的工控机进行信息分析和储存，信息显示采用液晶大屏幕显示检测点的水质实时数据情况。

反馈控制系统主要是通过编制程序把管理人员所需要的数据要求输入到控制系统内，控制系统通过电路控制增氧或投饲。

▌起捕设备

起捕设备是用于池塘鱼类捕捞的作业的设备，起捕设备具有节省劳动力、提高捕捞效率的特点。

池塘起捕设备主要有网围起捕设备、移动起捕设备、诱捕设备、电捕鱼设备、超声波捕鱼设备等。目前在池塘方面有所应用的主要是诱捕设备、移动起捕设备等。

▌动力和运输设备

水产养殖场应配备必要的备用发电设备和交通运输工具。尤其在电力基础条件不好的地区，养殖场需要配备满足应急需要的发电设备，以应付电力短缺时的生产生活应急需要。

图 7-4　自动上鱼机

水产养殖场需配备一定数量的拖拉机、运输车辆等，以满足生产需要。

自动拌药机

当病害发生时，投喂药饵是对鱼病进行治疗的重要方法之一。面积较大的养殖池塘需要投喂的饵料较多，此时拌药饵可用自动拌药机。其基本原理与搅拌机相似，通过电动机带动厢体内的转子转动，从而让饲料形成翻滚的状态，此时将药物溶解于水后均匀泼洒于饲料上，便可在转子的带动下搅拌均匀。

图 7-5　自动拌药机

参考文献

陈基伟.2010.标准化水产养殖场用地设计——基于上海市的调查.渔业现代化（6）.

兰永清.2009.标准化水产养殖池塘建设改造及使用技术要点.科学种养（12）.

刘兴国.2012.SC/T 6048—2011 淡水养殖池塘设施要求.北京：中国农业出版社.

徐吟梅.2009.加快全国水产养殖池塘标准化改造.现代渔业信息（8）.

单元自测

1. 简述水产养殖场规划的场址要求。
2. 标准化养殖场需要的养殖附属设施有哪些？
3. 简述增氧机的使用方法。
4. 投饵机应如何保养？

技能训练指导

增氧机的安装

（一）目的和要求

了解增氧机安放的位置和数量，掌握增氧机的安装方法。

（二）材料和工具

增氧机1台、浮桶2个及安装工具。

（三）实训方法

1. 确定增氧机安放的数量。一般来说，每3亩水面需使用3千瓦增氧机一台。

2. 确定增氧机安放的位置。在方形鱼塘上安装数台增氧机时，应排在等距的对角线上。

3. 安装增氧机。将增氧机固定在两个浮桶或水泥桩上，要求不能影响增氧机正常工作。增氧机的叶轮在水中的位置要和"水线"对准，如无"水线"时，一般上端面要与水面平行，以防止产生过载而烧坏电机。叶轮片沉浸水中深度为 4 厘米，过深会使电机负荷增大而损坏电机。

4. 安装要求。增氧机工作时，搅动池水浪花应均匀，不可左右摇晃。

学习
笔记

图书在版编目（CIP）数据

淡水鱼养殖工／毛洪顺主编．—北京：中国农业出版
社，2015.10
农业部新型职业农民培育规划教材
ISBN 978-7-109-20975-6

Ⅰ．①淡…　Ⅱ．①毛…　Ⅲ．①淡水鱼类－鱼类养殖－
技术培训－教材　Ⅳ．①S965.1

中国版本图书馆 CIP 数据核字（2015）第 234855 号

中国农业出版社出版
（北京市朝阳区麦子店街 18 号楼）
（邮政编码 100125）
责任编辑　张德君　司雪飞
文字编辑　张彦光

北京中兴印刷有限公司印刷　　新华书店北京发行所发行
2015 年 10 月第 1 版　　2015 年 10 月北京第 1 次印刷

开本：720mm×960mm　1/16　　印张：13.5
字数：190 千字
定价：28.00 元
（凡本版图书出现印刷、装订错误，请向出版社发行部调换）